The Blue Book on the Development of Industrial Energy Conservation and Emission Reduction in China (2016-2017)

2016-2017年
中国工业节能减排发展
蓝皮书

中国电子信息产业发展研究院　编著

主　编／刘文强

副主编／顾成奎

人民出版社

责任编辑：邵永忠　刘志江
封面设计：黄桂月
责任校对：吕　飞

图书在版编目（CIP）数据

2016－2017 年中国工业节能减排发展蓝皮书／中国电子信息产业发展研究院
编著；刘文强 主编 . —北京：人民出版社，2017. 8
ISBN 978－7－01－018030－4

Ⅰ . ①2… Ⅱ . ①中… ②刘… Ⅲ . ①工业企业—节能减排—白皮书—中国—
2016－2017 Ⅳ . ①TK018

中国版本图书馆 CIP 数据核字（2017）第 194732 号

2016－2017 年中国工业节能减排发展蓝皮书

2016－2017 NIAN ZHONGGUO GONGYE JIENENG JIANPAI FAZHAN LANPISHU

中国电子信息产业发展研究院 编著

刘文强 主编

人民出版社 出版发行

（100706　北京市东城区隆福寺街 99 号）

三河市钰丰印装有限公司印刷　新华书店经销

2017 年 8 月第 1 版　2017 年 8 月北京第 1 次印刷
开本：710 毫米 ×1000 毫米 1/16　印张：16. 5
字数：270 千字

ISBN 978－7－01－018030－4　定价：85. 00 元

邮购地址　100706　北京市东城区隆福寺街 99 号
人民东方图书销售中心　电话（010）65250042　65289539

前　言

凝聚合力　加快推动工业绿色发展

工业是我国能源消费的主要领域，是推动能源消费革命的主战场。近年来，工业和信息化部聚焦工业能源清洁高效利用，以工业能效提升为主线，积极推广应用节能新技术、新装备和新产品，创新节能服务模式，强化工业节能监察，"十二五"期间，规模以上企业单位工业增加值能耗累计下降28%，实现节能量6.9亿吨标准煤，对全社会节能目标的贡献率达到80%以上，为我国能源高效利用做出了积极贡献。

首先要贯彻落实绿色发展理念，客观上要求加快提升资源能源利用效率。当今世界，资源与环境问题是人类面临的共同挑战，资源能源利用效率成为衡量国家制造业竞争力的重要因素。经过数十年的快速增长，我国建立了门类齐全的工业体系，成为支撑世界经济增长的重要力量。但与工业快速发展相伴而来的大量资源能源消耗，也给生态环境带来了巨大压力。我国的能源结构以煤为主，煤炭占比达64%，相比于世界27%的煤炭占比，偏高较多，能源清洁利用的压力相对较大。从工业领域能源利用角度来看，2015年全国能源消费总量43亿吨标准煤中工业能耗占70%左右。无论是单位GDP能耗还是单位产品能耗与发达国家相比还有一定差距。在全球绿色经济的变革中，中国要实现经济绿色低碳转型、推进供给侧结构性改革、落实新的发展理念，从而实现可持续发展，工业绿色转型是重中之重。必须下决心改变高度依赖资源能源消耗和低成本要素投入的传统增长模式，加快实现发展动能转换，以工业的绿色发展，推动全社会生产方式、生活方式的绿色提升。

其次，全面推行绿色制造，是实现工业绿色发展的必然选择。2015年5月，国务院发布了《中国制造2025》，把绿色发展确定为基本方针之一，全面推行绿色制造是《中国制造2025》部署的重点任务。到2020年，绿色发展理念成为工业全领域全过程的普遍要求，工业绿色发展推进机制基本形成，绿色制造产业成为经济增长新引擎，工业绿色发展整体水平显著提升。预计到 2020 年，单位工业增加值二氧化碳排放量比 2015 年下降 22%，规模以上单位工业增加值能耗下降 18%，绿色低碳能源占工业能源消费量比重达到 15%，绿色制造产业产值达到 10 万亿元，建立百家绿色示范园区和千家绿色示范工厂。

为推动实现上述目标，加快形成全面推行绿色制造的工作格局，2015 年以来，工业和信息化部着手加强绿色制造宏观研究和顶层设计，健全政策标准体系，启动试点示范。一是制定发布《工业绿色发展"十三五"规划》，注重前瞻性、指导性和系统性，围绕落实五大发展理念，提出了科技支撑能力提升、区域绿色协调发展等 10 项任务。二是编制《绿色制造工程实施指南》，重点落实《中国制造 2025》关于实施五大工程的要求，围绕传统制造业绿色化改造、资源循环利用绿色发展、绿色制造技术创新及产业化等 4 个重点领域作出具体工作部署。三是启动绿色制造体系建设，以促进全产业链和产品全生命周期绿色发展为目标，以公开透明的第三方评价机制和标准体系为基础，推动建立绿色工厂、绿色园区、绿色供应链等。四是会同国标委发布《绿色制造标准体系建设指南》，进一步发挥标准在绿色制造体系建设中的引领作用，实施绿色制造标准化提升工程。五是研究推进绿色制造 + 互联网，推动互联网与绿色制造融合发展，提高资源、能源智慧化管理水平，促进绿色制造数字化提升。六是积极推进绿色制造服务平台建设，为传统行业绿色改造、绿色产业发展等提供市场化、网络化的支撑服务。

再次，大力提升能源清洁高效利用水平，是推行绿色制造的重要举措。提升工业领域能源清洁高效利用水平，有利于推进供给侧结构性改革，有利于推动工业企业提质增效，有利于加强大气污染防治。"十三五"期间，工业领域要大力推进能源消费革命，提高工业能源利用效率和清洁水平，加快形成绿色集约化生产方式，增强制造业的核心竞争力。下一步，工业和信息化部将重点开展以下工作：

一是以供给侧结构性改革为导向，推进结构节能。要加强节能评估审查和后评价，进一步提高能耗、环保等准入门槛，严格控制高耗能行业产能扩张，加快发展能耗低、污染少的先进制造业和战略新兴产业，促进生产型制造向服务型制造转变。要大力推进工业能源消费结构绿色低碳转型，鼓励企业开发利用新能源。推动落实煤炭清洁高效利用试点示范工作，综合提升区域煤炭清洁利用水平。

二是以先进适用技术装备应用为手段，强化技术节能。要全面推进传统行业节能技术改造，深入推进重点行业、重点企业能效提升专项行动和锅炉、电机、变压器等通用设备能效提升工程。要加强园区能源梯级利用，实施工业园区和城镇供热一体化工程，促进产城融合。

三是以能源管理体系建设为核心，提升管理节能。要进一步完善节能监察体系建设，加强工业节能监察，专项督查强制性能耗标准和阶梯电价、差别电价等政策的贯彻落实情况。要推动重点企业能源管理体系建设，构建能效提升长效机制。积极组织开展节能服务公司进企业活动，全面提升中小企业能源管理意识和能力。

加快推动工业绿色发展、提高能源高效和清洁利用水平是一项系统工程，需要汇聚社会各界力量，整合各方资源。希望各界同仁共同高举绿色发展大旗，为促进工业文明与生态文明和谐共融，做出不懈努力和新的贡献。

工业和信息化部节能与综合利用司司长

目　　录

政　策　篇

热　点　篇

展 望 篇

综 合 篇

第一章 2016 年全球工业节能减排发展状况

2016 年,由于经济增速放缓,以及能源消费结构变化,全球能源消费增速放缓。从能源消费结构看,尽管排在前三位的依然是石油、煤炭和天然气,但可再生能源发电量比十年前有了较大幅度的增长。由于各国更多使用了绿色能源,温室气体排放和经济增长出现了脱钩。加速全球经济去碳化、遏制气候变化正在成为全球共识,2016 年联合国举行了《巴黎协定》高级别签署仪式,共有 175 个国家首脑及高级别代表出席。与此同时,各国积极采取各种措施,譬如提高低碳科研长期投入、淘汰煤炭发电、加强汽车排放监管等,落实各国应对气候变化的自主贡献。清洁能源成为各国的发展重点,虽然 2016 年全球清洁能源领域的总投资额比 2015 年下降,但新建产能没有减少,海上风电建设成为一大亮点,项目总投资额创下新的纪录,同时,全球清洁能源收并购总规模首次突破 1000 亿美元大关。

第一节 工业发展概况

2016 年全球制造业呈现温和、持续复苏趋势,从表 1-1 的 2016 年摩根大通全球制造业采购经理指数(PMI)看,2016 年 12 个月中,共有 10 个月的 PMI 高于 50 的景气荣枯分界线,尤其从 8 月以后,PMI 持续走高,直至 12 月达到全年高点 52.7。总体看来,全年只有 2 月和 5 月的 PMI 值为 50,由于 4 月价格上涨,新订单基本未增加,新订单分项指数从 51.4 降至 50.4,导致 5 月全球制造业增长停滞,但到 6 月 PMI 重新站回 50.4,并在后半年表现强劲。

表 1 – 1   2016 年摩根大通全球制造业采购经理指数

月份	1	2	3	4	5	6	7	8	9	10	11	12
PMI	50. 9	50	50. 6	50. 1	50	50. 4	51	50. 8	51	52	52. 1	52. 7

资料来源：Wind 数据库，2017 年 1 月。

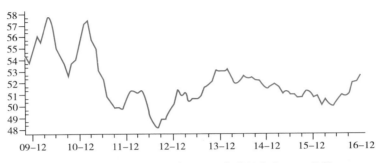

图 1 – 1   2009—2016 年摩根大通全球制造业 PMI 比较

资料来源：Wind 资讯，2017 年 1 月。

一、美国

2015 年，美国制造业复苏反弹力度下降，各项经济数据并不乐观，尤其到了 2015 年 12 月，PMI 从前值 48.6 降至 48.2，制造业萎缩可以归结为美元走强抑制出口、全球需求下滑以及能源价格走低冲击美国石化工业等原因。2016 年美国制造业相对稳定低速增长，尤其到 2016 年底，受制造业新订单、生产和雇佣指数全面上升带动，制造业扩张速度创两年来新高。

表 1 – 2 是 2016 年美国供应管理协会（ISM）发布的制造业采购经理指数 PMI，制造业采购经理指数通过调查企业对未来生产、新订单、库存、就业和交货预期等关键指标评估美国经济，以 50 为临界点，高于 50 说明制造业处于扩张状态，发展势头较好，低于 50 则表明制造业处于萎缩状态。

表 1 – 2   2016 年美国制造业采购经理指数

月份	1	2	3	4	5	6	7	8	9	10	11	12
PMI	48. 2	49. 5	51. 8	50. 8	51. 3	53. 2	52. 6	49. 4	51. 5	51. 9	53. 2	54. 7

资料来源：Wind 数据库，2017 年 1 月。

2015 年 10 月到 2016 年 2 月，美国制造业一直处于萎缩状态，虽然经历了 2015 年 12 月的低谷后，2016 年 1 月和 2 月，PMI 逐步小幅上升，但都位于 50 临界点下方。从 3 月开始，PMI 超出 50 的临界点，站在了荣枯线上方，达到 51.8，这种上升态势一直延续到 2016 年 7 月，连续五个月保持扩张，中间虽有小幅波动，但都高于 50。到了 8 月，PMI 急剧下滑，从 7 月的 52.6 降至 49.4，再次呈现萎缩，反映出在美元强势、全球增速放缓，以及美国国内前景存在不确定性的情况下，美国制造业喜忧参半。从 9 月开始，PMI 再度处于上升态势，从 9 月的 51.5 走高至 12 月的 54.7，12 月的 PMI 创 2014 年 12 月以来新高。

总体看，美国制造业经过两年挣扎，正在呈现逐步企稳的迹象，这说明，美国制造业正在缓慢摆脱由于美元升值和油价走低产生的负面影响，可以预计，2017 年，美国制造业有可能改善。

二、日本

2016 年日本受民间消费疲弱，支出增长缓慢，需求不足等因素的影响，制造业表现不佳，从 3 月到 8 月连续六个月 PMI 处于 50 荣枯线的下方，从 9 月开始，萎靡状态得到抑制，制造业部门呈现温和增长，并且受出口拉动，12 月以全年最高值良好收官。

1 月 PMI 值 52.3，2 月制造业活动扩张速度大幅放缓，PMI 值降至 50.2，大幅放缓的原因主要是由于海外需求急剧减少，新出口订单萎缩速度为三年来最快，新出口订单分项指数从 1 月的 53.1 降至 47.9，是 2013 年 2 月以来最大萎缩幅度。

从 3 月开始到 8 月，连续六个月 PMI 值低于 50，位于荣枯线下方，其中 3 月到 5 月温和下降，PMI 值分别为 49.1、48.2 和 47.7，从 6 月开始，虽然 PMI 值依然没有高于 50，但已经从低点缓慢增长，从前值 47.7 增长到 48.1，并分别在 7 月和 8 月达到 49.3 和 49.5。

这种缓慢增长的势头一直持续到 12 月，从 9 月开始，PMI 值高于 50，达到 50.4，之后连续三个月位于荣枯分界线上方，尤其 12 月 PMI 值为 52.4，高于 11 月终值 51.3，制造业活动扩张速度创 2016 年来最快，显示好转的迹象，疲弱的经济正在重拾动能。12 月 PMI 指数构成中，产出分项指数和新订单分项指数都创了 2016 年的高位，新订单分项指数衡量国内外需求，该分项指数增加说明需求增长，需求增长来源除了国内的订单，还包括对欧洲、中国和北美的销售，出口、工业生产和消费者支出显示出复苏的迹象。

表 1-3　2016 年日本制造业采购经理指数

月份	1	2	3	4	5	6	7	8	9	10	11	12
PMI	52.3	50.1	49.1	48.2	47.7	48.1	49.3	49.5	50.4	51.4	51.3	52.4

资料来源：Wind 数据库，2017 年 1 月。

三、欧盟

根据欧盟统计局网站数据，2016 年 1 月欧盟和欧元区工业生产指数环比 2015 年 12 月分别上升 1.7% 和 2.1%，与上年同期相比分别上涨 2.5% 和 2.8%，表明经济呈现回暖复苏态势。这种温和增长态势延续 2016 年全年，PMI 一直保持在 50 临界点之上，说明制造业处于扩张态势，从 8 月开始，PMI 在经历了微跌之后，上升势头强势，及至 12 月 PMI 值达到 54.9，比 11 月的终值高出 1.2，创 2011 年 4 月以来新高，也是一年来最高，制造业增速达到近 5 年半来最高，释放出明显复苏信号，也预示着 2017 年制造业发展的良好势头。从成员国看，德国和意大利 12 月制造业 PMI 终值为 55.6 和 53.2，较初值上升 0.1 和 0.9，分别达到近 3 年和近 6 个月来最高水平；法国 12 月制造业 PMI 终值为 53.5，与初值持平，为 2011 年 5 月来最高水平。

表 1-4　2016 年欧元区制造业采购经理指数

月份	1	2	3	4	5	6	7	8	9	10	11	12
PMI	52.3	51.2	51.6	51.7	51.5	52.8	52	51.7	52.6	53.5	53.7	54.9

资料来源：Wind 数据库，2017 年 1 月。

四、新兴经济体

2016 年，新兴经济体中大部分国家经济增速止跌回升，触底反弹，但各国增长态势不均衡，都面临着经济结构调整的重任，迫切需要寻找到经济增长的新引擎。

俄罗斯2015年经历了严重的经济衰退，2016年受益于一些利好因素，经济开始企稳。这些利好因素包括控制了通货膨胀、卢布汇率回升、有效应对西方制裁等方面。2016年国内生产总值（GDP）降幅逐季收窄，第三季度降幅分别从第一、二季度的1.2%和0.6%减缓至0.4%。从PMI值看，1月到5月，PMI值低于50，位于荣枯线下方，4月PMI值是全年最低值，为48，从6月开始，PMI值回升至51.5，重新站在了50分界点的上方，尽管7月回落至49.5，但PMI值上行趋势没有改变，从8月开始连续5个月制造业增长势头强劲，直至12月PMI值达到53.7，触及69个月的高点。制造业改善背后的推动因素是生产和新订单大幅增加，且新增就业岗位为2011年3月以来最高水平。生产大幅增长，国内需求强劲，就业市场更加健康，这些因素推动了俄罗斯经济复苏增长，2017年俄罗斯经济有望回归增长态势。

印度制造业2016年呈现出持续增长的势头，1—11月，PMI一直位于50荣枯线上方，尤其从6月开始，制造业扩张势头迅猛，10月PMI达到全面高点54.4。但受累于废钞运动，2016年12月印度制造业PMI在年内首度跌破荣枯线，至49.6，月度跌幅创下2008年11月以来最大，就分项数据来看，产出和衡量国内外需求的新订单均跌至年内最低水平，采购活动与就业情况同样不容乐观，均现收缩迹象。产出价格涨幅不大，而投入价格大幅攀升。印度废钞举措导致资金短缺，挫伤了经济产出和需求，中断了2016年制造业持续增长的势头，有经济学家认为，废钞行动过后，印度制造业会陷入萎缩。

巴西经济2016年仍然处于衰退之中，深陷"高通胀、高利率、负增长"的困境。根据巴西地理统计局发布的数据，2016年第一季度，巴西国内生产总值环比萎缩0.3%，同比萎缩5.4%，连续第五个季度下滑，经济形势仍在恶化。第二季度国内生产总值（GDP）环比萎缩0.6%，同比萎缩3.8%，经济连续第六个季度出现负增长。从PMI值看，全年PMI值位于50荣枯线下方，最高值出现在2016年1月，是47.4，最低值出现在2016年5月，是41.6，PMI值是2009年2月以来最差，且已连续16个月收缩。由于巴西的金融和政治困境，加剧了经济衰退，产量降低，订单量减少，国内市场尤其脆弱，制造业进一步萎缩，最终PMI 12月以45.2收官，比前值46.2降低1。

第二节　能源消费状况

2016年7月，BP发布了2016年版《BP世界能源统计年鉴》。根据年鉴数据，2015年全球一次能源消费量增长了1%，与2014年的增幅接近（1.1%），远低于10年期平均增幅1.9%。能源消费增长缓慢的原因主要是全球经济增速放缓。

从能源消费结构看，排在前三位的依然是石油、煤炭和天然气。石油占全球能源消费的32.9%，仍然是主要燃料，市场份额是1999年以来的首次增长。煤炭占全球一次能源消费的比重降至29.2%，保持第二大燃料的地位。天然气占一次能源消费的23.8%。核能发电量增长1.3%，所有净增长均来自中国（+28.9%）的贡献，中国超过韩国成为核电第四大生产国，而欧盟发电量（-2.2%）则跌至1992年以来的最低水平。核电占全球一次能源消费量的4.4%。全球水电增长低于1%的平均水平，水电发电量占全球一次能源消费量的6.8%。可再生能源发电量占全球能源消耗的2.8%，十年前仅为0.8%。

从地域看，2015年全球一次能源消费量合计13147.3百万吨油当量，其中北美洲一次能源消费量占全球能源消费总量的21.3%，为2795.5百万吨油当量；中南美洲一次能源消费量占全球的5.3%，为699.3百万吨油当量；欧洲及欧亚大陆一次能源消费量占全球的21.6%，为2834.4百万吨油当量；中东地区一次能源消费量占全球的6.7%，为884.7百万吨油当量；非洲地区一次能源消费量占全球的3.3%，为435百万吨油当量；亚太地区一次能源消费量占全球的41.8%，为5498.5百万吨油当量。其中，经合组织国家能源消费占全球比重为41.9%，欧盟地区一次能源消费量占全球的12.4%，合计1630.9百万吨油当量。具体数据如表1-5所示。新兴经济体仍然是全球能源消费的主要驱动力，占全球能源消费的58.1%，但能源消费增速下降，2015年能源消费增长1.6%，远低于十年期平均增幅。

从具体国家看，中国和美国2015年一次能源消费位列第一和第二，两国消费量占世界总量的40.3%。其次是印度、俄罗斯和日本，这3个国家一次能源消费总量占世界总量的 13.8%。

中国仍然是世界最大的能源消费国。2015 年一次能源消费为 3014.0 百万吨油当量，占全球消费量的 23%。尽管能源消费仍然保持增长纪录，但伴随中国经济结构转型，经济增长的重心逐步从能源密集型行业转移，2015 年能源消费增长 1.5%，是 1998 年以来的最低值。2015 年中国能源结构持续改进，作为主导燃料的煤炭所占比重降低，占比 64%，达到历史最低值。石油消费增长最快，增速为 6.3%，其次是天然气，增速为 4.7%。非化石能源中，太阳能增长最快，增速为 69.7%，其次是核能 28.9% 和风能 15.8%。可再生能源全年增长 20.9%，在全球总量中的份额从 10 年前的 2% 提高到目前的 17%。

表 1-5 2015 年世界主要国家一次能源消费结构

(单位：百万吨油当量)

	石油	天然气	煤炭	核能	水电	可再生能源	总计
美国	851.6	713.6	396.3	189.9	57.4	71.7	2280.6
加拿大	100.3	92.2	19.8	23.6	86.7	7.3	329.9
墨西哥	84.3	74.9	12.8	2.6	6.8	3.5	185.0
北美洲总计	1036.3	880.7	429.0	216.1	150.9	82.6	2795.5
阿根廷	31.6	42.8	1.4	1.6	9.6	0.9	87.8
巴西	137.3	36.8	17.4	3.3	81.7	16.3	292.8
委内瑞拉	32.0	31.1	0.2	—	17.3	—	80.5
中南美洲总计	322.7	157.3	37.1	5.0	152.9	24.2	699.3
德国	110.2	67.2	78.3	20.7	4.4	40.0	320.6
法国	76.1	35.1	8.7	99.0	12.2	7.9	239.0
意大利	59.3	55.3	12.4	—	9.9	14.7	151.7
英国	71.6	61.4	23.4	15.9	1.4	17.4	191.2
俄罗斯	143.0	352.3	88.7	44.2	38.5	0.1	666.8
欧洲及欧亚大陆总计	862.2	903.1	467.9	264.0	194.4	142.8	2834.4
伊朗	88.9	172.1	1.2	0.8	4.1	0.1	267.2
沙特阿拉伯	168.1	95.8	0.1	—	—	—	264.0
阿联酋	40.0	62.2	1.6	—	—	0.1	103.9
中东国家总计	425.7	441.2	10.5	0.8	5.9	0.5	884.7

	石油	天然气	煤炭	核能	水电	可再生能源	总计
南非	31.1	4.5	85.0	2.4	0.2	1.0	124.2
埃及	39.2	43.0	0.7	—	3.0	0.4	86.2
非洲总计	183.0	121.9	96.9	2.4	27.0	3.8	435.0
中国	559.7	177.6	1920.4	38.6	254.9	62.7	3014.0
印度	195.5	45.5	407.2	8.6	28.1	15.5	700.5
日本	189.6	102.1	119.4	1.0	21.9	14.5	448.5
韩国	113.7	39.2	84.5	37.3	0.7	1.6	276.9
亚太地区总计	1501.4	631.0	2798.5	94.9	361.9	110.9	5498.5
世界总计	4331.3	3135.2	3839.9	583.1	892.9	364.9	13147.3
其中：OECD	2056.4	1458.9	979.2	447.6	314.6	246.3	5503.1
非OECD	2274.9	1676.3	2860.7	135.5	578.3	118.5	7644.2
欧盟	600.2	361.9	262.4	194.1	76.4	136.0	1630.9

注：1 吨油当量 = 1.4286 吨标准煤。

资料来源：《BP 世界能源统计年鉴（2016）》。

第三节　低碳发展进程分析

一、全球碳排放

根据国际能源署（IEA）公布的初步数据，2015 年全球与能源有关的二氧化碳排放量为 321 亿吨，和 2014 年 323 亿吨基本持平，虽然 2015 年全球经济增速高于 3%，但温室气体排放并没有相应增加，和经济增长脱钩，脱钩原因主要是全球各国更多使用了绿色能源。《BP 世界能源统计年鉴（2016）》也指出，2015 年全球能源消耗产生的二氧化碳排放量仅增加了 0.1%，是 1992 年以来的最低增速（2009 年经济衰退除外），增速降低的原因可以归结为全球能源消费增长放缓和能源消费结构的变化。

除欧洲和欧亚地区增速高于平均值外，其他地区的增速均低于平均值。

美国排放量增速降低 2.6%，俄罗斯降低 4.2%，印度排放增幅最大为 5.3%。中国 2015 年与能源使用有关的二氧化碳排放减少 0.1%，这是自 1998 年以来的首次排放减少，远低于 10 年期平均水平 4.2%，也低于 2015 年全球的增长率（0.1%）。这一成绩的取得，和中国持续改进能源结构密不可分，2015 年，中国能源消费主导燃料煤炭占比是历史最低值（64%），10 年间可再生能源在全球总量中的份额由 2% 提高到 17%，中国已经超越德国和美国，成为世界上最大的太阳能发电国。

二、各国应对气候变化情况

《巴黎协定》高级别签署仪式举行。2016 年 4 月 22 日，联合国举行《巴黎协定》高级别签署仪式，此次签署仪式中，共有 175 个国家首脑及高级别代表出席，成为继 1982 年《海洋法公约》签署以来，规模最大的联合国签署仪式。签署仪式是推进协定尽快生效的第一步。一旦生效，协定便对所有缔约方具有法律约束力，可以加速全球经济去碳化的进程，遏制气候变化，实现气候安全。

《联合国气候变化框架公约》第 22 次缔约方会议召开。会议于 2016 年 11 月 7 日在摩洛哥马拉喀什召开，这次会议是应对气候变化的里程碑式文件《巴黎协定》正式生效后的第一次缔约方大会。2015 年 12 月 12 日，在法国巴黎举行的《联合国气候变化框架公约》第 21 次缔约方大会上，各国一致通过了《巴黎协定》，承诺将全球平均气温升幅控制在 2℃ 以下，同时向 1.5℃ 的温控目标努力。2016 年 11 月 4 日，《巴黎协定》在达到 "55 个缔约国加入协定，且涵盖全球 55% 以上的温室气体排放量" 的生效条件后正式生效。本次会议就各国应对气候变化自主贡献的落实情况、《巴黎协定》实施的后续谈判、资金等问题进行讨论。

第 22 届气候变化大会（COP22）决定成立生物未来平台。第 22 届气候变化大会（COP22）在马拉喀什举行，会议通过了成立生物未来平台的决议。生物未来平台包含了一些与创新先进最相关的生物燃料和生物材料，旨在通过各国共同努力，在运输燃料、工业过程、化工、塑料等行业扩展部署现代可持续的低碳替代品。参与国包括阿根廷、巴西、加拿大、中国、丹麦、埃及、芬兰、法国、印度、印度尼西亚、意大利、荷兰、摩洛哥、莫桑比克、巴拉圭、菲律宾、瑞典、英国、美国和乌拉圭。

中国采取行动应对气候变化。在《巴黎协定》的框架下，中国提出了国家自主贡献的四大目标：到 2030 年，单位 GDP 二氧化碳排放要比 2005 年下降 60%—65%；非化石能源在总能源当中的比例提升到 20% 左右；中国的二氧化碳排放达到峰值，并争取尽早达到峰值；森林蓄积量比 2005 年增加 45 亿立方米。2016 年 11 月，中国发布了《"十三五"控制温室气体排放工作方案》，方案提出到 2020 年，单位国内生产总值二氧化碳排放比 2015 年下降 18%，2017 年全国碳排放权交易市场启动。中欧碳排放交易合作项目。碳排放交易被认为是通过市场化机制减少温室气体排放的经济有效的方式，欧盟碳排放交易体系已经有了十几年的历史，积累了丰富的经验。2016 年 6 月，中国与欧洲委员会加强碳排放交易合作，新达成一项 1000 万欧元（超过 7000 万人民币）的合作项目。项目将从 2017 年开始，为期 3 年，项目建立在始于 2014 年的已有项目基础之上，该项目极大加强了欧盟与中国在碳排放交易方面的合作力度。

欧盟委员会提议加强汽车排放监管。欧盟委员会于 2016 年 1 月 27 日提出一份立法建议，要求对欧盟现有的机动车辆型式审批框架进行大幅修改，实行更严格的汽车排放监管机制，并赋予欧盟委员会在欧盟市场召回汽车的权力。根据这项新的立法建议，汽车排放检测服务机构不能直接从汽车厂商处得到报酬；欧盟委员会有权在欧盟范围内对已上路的任何汽车进行排放抽查，对不合格的汽车决定召回；欧盟委员会有权对违反机动车辆型式审批法规的汽车厂商以及不能严格履职的排放检测机构进行罚款。

英国呼吁各国提高低碳科研长期投入。英国呼吁各国政府在低碳技术领域引导创新，认为加强低碳科研方面的投入，比在碳排放密集的传统技术领域的投入能创造更大的经济效益。建议各国政府设立长远的资金目标，稳步提高资金投入，尤其是在低碳运输、碳捕捉和储存、智能电网以及工业能耗优化等重点领域。

澳大利亚政府批准《巴黎协定》和《多哈修正案》。澳大利亚政府正式批准关于气候变化的《巴黎协定》和多哈修正案，成为全球批准《巴黎协定》的一百多个缔约方之一。据澳大利亚总理马尔科姆·特恩布尔 11 月 10 日新闻发布会上披露的信息，澳大利亚已经超额完成了《京都议定书》规定的第一承诺期的减排目标。批准《巴黎协定》后，澳大利亚的温室气体减排目标是到 2030 年，比 2005 年排放水平降低 26% 到 28%。为此，澳大利亚成立了减排基金，各方签署了减排 1.43 亿吨温室气体的合同。

加拿大计划在 2030 年前淘汰煤炭发电。据加拿大环境部部长凯瑟琳·麦肯娜披露，目前加拿大 80% 的电力来自清洁能源，政府计划到 2030 年提高到 90%，加快淘汰传统煤炭发电，淘汰措施主要是关闭煤炭发电厂、采用新技术等。据测算，淘汰煤炭发电，相当于加拿大马路上减少 130 万辆汽车造成的污染。加拿大 10 个省中，已经有 4 个省（阿尔伯塔、萨斯喀彻温、新斯科舍和新不伦瑞克）跟联邦政府签订了协议，确立了淘汰煤炭发电的时间表。

美国加州提出应对气候变化新方案。2017 年初，美国加利福尼亚州提出一项应对气候变化的新计划，计划旨在让该州实现堪称北美"最雄心勃勃"的二氧化碳减排目标，即到 2030 年将温室气体排放在 1990 年水平上降低 40%。为达成目标，要采取诸如推动零排放汽车技术，继续投资风能和太阳能等可再生能源，更多使用低碳燃料，减少甲烷、黑炭和氟化气体等污染物排放的措施。最新公布的计划还包括继续采取排放总量管制与排放交易机制，采取更严格的低碳燃油标准，要求交通燃料碳排放强度 2030 年前减少 18%，加利福尼亚州炼油厂温室气体排放减少 20%，增加 420 万辆零排放汽车，增加 10 万零排放卡车等。据测算，这项计划将吸引用于减少温室气体、雾霾和有毒污染物的数十亿美元投资。

越南为实施巴黎气候变化协定设定五大主要目标。越南在气候变化巴黎协定实施行动计划草案中，初步列出五大实施目标。第一个目标是根据国家自主贡献（INDC）到 2030 年削减 8% 的温室气体排放量。第二个目标是履行 INDC 下适应气候变化的承诺。第三个目标是准备人力资源、技术及资金使国民经济向低碳经济转型。第四是运行测量、报告和核实系统以评估减轻和适应气候变化影响的活动。第五是完善政策和机制以加快应对气候变化。

三、清洁能源发展情况

大力调整能源结构，减少化石燃料的使用量，开发清洁能源，提高清洁能源使用比例，是减少碳排放量的主要途径。

2016 年全球清洁能源投资下滑。根据彭博新能源财经发布的数据，2016 年，全球清洁能源领域的总投资额比 2015 年同比下降 18%，为 2875 亿美元，下降原因有一部分是受到设备价格，特别是光伏设备价格进一步锐减的影响。美国的清洁能源投资额仅为 586 亿美元，下降 7%。加拿大的清洁能源总投资为 24 亿美元，下降 46%。亚太地区（包括印度和中国）的清洁能源投资总额为 1350 亿美元，比 2015 年下降 26%。尽管总投资额有所下降，但清洁能源新建产能没有减少。2016 年，全球光伏容量比 2015 年提高 25%，增至 70GW，创历史新高；新建风电容量达 56.5GW，比 2015 年的 63GW 有所下降，尽管如此，2016 年仍然是除 2015 年外全球风电容量扩充最快的年份。此外，2016 年全球清洁能源投资领域中，海上风电建设是一大亮点，海上风电项目总投资额达到 299 亿美元，创下新的纪录，比 2015 年增长了 40%。2016 年，全球清洁能源收并购总规模达 1175 亿美元，首次突破 1000 亿美元大关，比 2015 年的 970 亿美元提高 21%。

表 1-6 2016 年世界主要国家和地区清洁能源投资额

国家（地区）	清洁能源投资额（亿美元）	和 2015 年比较变化率
全球	2875	-18%
美国	586	-7%
加拿大	24	-46%
亚太地区	1350	-26%
中国	878	-26%
日本	228	-43%
印度	96	持平
欧洲	709	3%
英国	259	2%
德国	152	-16%
法国	36	-5%
比利时	30	179%
丹麦	27	102%
瑞典	20	85%
意大利	23	11%
南非地区	9.14	-76%

资料来源：彭博新能源财经，2017 年 2 月。

美国、加拿大、墨西哥签署清洁能源协议。美国、加拿大和墨西哥2016年在温尼伯签署了一项旨在遏制温室气体排放，同时增加三国能源相互依存的协议草案。协议保证北美自由贸易协议合作伙伴，共享有关能源供应和销售的数据以及新的清洁能源方案，加快技术开发，更好地协调能源资源，以提高整个北美大陆的能源效率。三个国家还将在环境管理上进行合作。

中国清洁能源成"十三五"能源发展规划重点。中国《能源发展"十三五"规划》（以下简称《规划》），提出"全面推进能源生产和消费革命，努力构建清洁低碳、安全高效的现代能源体系"的指导思想，《规划》坚持的六个基本原则中，其中之一就是"清洁低碳、绿色发展"，即"把发展清洁低碳能源作为调整能源结构的主攻方向，坚持发展非化石能源与清洁高效利用化石能源并举"。《规划》给出了具体的目标，即"十三五"时期非化石能源消费比重提高到15%以上，天然气消费比重力争达到10%，煤炭消费比重降低到58%以下。

美国将进一步发展清洁能源。据美国环保署署长吉娜·麦卡锡披露，美国今后几年将进一步发展清洁能源，可再生能源将继续在市场上占据主导位置。2015年，美国清洁能源在新发电装机容量中的比重超过50%。预计未来5年美国安装的风能和太阳能发电装机容量会超过100吉瓦，这将使电力领域二氧化碳排放量减少10%。可再生能源的增长已经为美国创造了超过25万个就业机会。

日本拟将把福岛培育成新能源产业基地。日本政府提出建设"福岛新能源社会构想"，扩大可再生能源的引进，增强风力发电输电网、使用可再生能源进行大规模氢生产等，到2020年，福岛将成为全球最大氢气生产设备基地。日本政府2017年预算中，新型氢气运输、储藏技术等构件氢气供应网的试验项目拨款55亿日元，氢能源相关项目拨款194亿日元，增强风力发电设备的输电网拨款100亿日元，可再生能源引进扩大方面拨款464亿日元。

英国建世界上最大的海上风力发电场。2016年，英国政府正式批准离岸风电场计划——"荷恩夕计划2"，该项目位于北部约克郡海岸89公里处的海域，总投资60亿英镑，预计建成后将成为世界上规模最大的风电场，风电场面积相当于大伦敦区域的1/3，由300台大型海上风力发电机组组成，发电量为1800兆瓦，项目工程将于2020年全部竣工并投入使用，建成后将为180万户家庭提供充足的"低碳"电力。英国海上风力发电产业一直是优势产业，增长态势很好，海上风力电场的建设标志着英国在全球离岸风力发电方面处于领先地位。目前全球已建的十大海上风电场中，英国占据了 7 座。英国还在不断刷新自己的纪录。

2016 年韩国清洁能源核心技术投资达 5 亿美元。根据韩联社披露的数据，2016 年 6 月在美国旧金山举行的第一届"使命创新"部长级会议上，韩国政府宣布 2016 年韩国清洁能源核心技术投资为 5600 亿韩元（约 5 亿美元），到 2021 年其投资将达目前的 2 倍，达 10 亿美元。继韩国政府 2015 年在巴黎气候大会上签署了巴黎宣言后，2016 年 2 月成立了"使命创新"委员会，委员会主要由产学研各界 200 多名专家组成，确定了可再生能源、提升能效等清洁能源 6 大重点投资领域。韩国政府希望公共部门的先期投资能带动民间对清洁能源投资的热情。

中国广核集团有限公司（简称"中广核"）与泰方拟在泰国联合开发清洁能源项目。中广核是中国乃至世界领先的清洁能源开发商和服务供应商，目前核电在运装机容量全球第五，在建装机容量全球第一，并拥有已投运的风电装机容量 855 万千瓦，太阳能光伏发电装机容量 129 万千瓦，均位居全国前列，并在水电、分布式能源、核技术应用、节能技术服务等领域也取得了良好发展。该公司与泰国最大的独立发电商 RATCH 于 2016 年 3 月 24 日在曼谷联合召开发布会，宣布将合作建设采用华龙一号技术的防城港核电站二期项目。RATCH 是有名的清洁能源企业，在东南亚知名度很高，中广核与RATCH 将通过防城港二期项目，深化互利合作关系。后续，双方将在泰国以及其他潜在市场开发清洁能源。

欧盟提供资金帮助非洲国家发展可再生能源。2016 年 7 月 17—19 日，在卢旺达首都基加利举行的非洲联盟首脑会议上，欧盟宣布，到 2020 年，欧盟将为非洲国家每年提供 30 亿美元的资金，用于帮助非洲国家发展可再生能源。

美国将在印度启动 9500 万美元清洁能源项目。2016 年美国政府宣布，为帮助印度向低碳能源型国家转变，美国即将在印度启动两项价值 9500 万美元的清洁能源项目，支持印度多个邦的太阳能发电。之前，美国已经通过海外私人投资公司向印度可再生能源项目提供 7000 万美元。

多家跨国银行加入美国银行清洁能源投资倡议。2016年4月，汇丰控股、法国农业信贷银行、联博投信、百森资本管理、法国外贸银行旗下机构 Miro-va 等银行财团宣布加入美国银行发起的清洁能源投资计划。清洁能源投资计划是由美国银行于2014年发起，计划目标是促进清洁能源发展和低碳基础设施建设，规模达百亿美元。除了上述商业银行，欧洲投资银行和世行旗下机构国际金融公司也宣布加入。美国银行发布公告称，"融资创新和资本将在低碳经济发展中发挥关键作用。大型银行财团的加入将进一步发掘新的清洁能源投资机遇和其他可持续发展目标，这对全球应对气候变化将产生积极的影响"。

印度计划推出20亿美元清洁能源股票基金。印度中央政府与三家国有企业（印度国家电力集团、印度农村电气化集团和电力金融集团股份有限公司）将设立价值20亿美元的清洁能源股票基金，支持政府实现到2022年使可再生能源装机量增加1.75亿千瓦的目标，这个目标是当前印度可再生能源使用量的5倍。大约6亿美元的初始资金池，将来自印度财政部监管下的国家投资与基础设施基金，这笔价值20亿美元的股票基金，是一笔巨大的投资，将推动印度可再生能源产业的迅速发展。

第二章 2016年中国工业节能减排发展状况

2016年我国工业经济保持平稳增长，推进结构调整优化，深入实施"中国制造2025"，实现了"十三五"的良好开局。资源能源消费方面，规模以上工业增加值能耗下降约5%，万元工业增加值用水量下降6.0%，均完成年度目标，四大高耗能行业对全社会用电量增长拉动为零。工业节能与绿色发展步伐加快，高耗能行业增长明显放缓，供给侧结构性改革取得阶段性成果，绿色发展体制机制建设取得初步进展。工业领域主要污染物排放量得到有效控制，工业固废综合利用逐步呈现规模化、高值化、集约化发展态势，再生资源利用领域积极探索新机制、新模式，部分装备再制造领域关键技术取得突破。

第一节 工业发展概况

一、总体发展情况

2016年，我国经济缓中趋稳，经初步核算，2016年国内生产总值（GDP）达到744127亿元，同比增长6.7%，增速比2015年降低0.2个百分点，供给侧改革取得阶段性成果，经济增长积极性因素增多。

2016年，工业增加值增速保持平稳增长，全国规模以上工业增加值比上年增长6%，增速较上年回落0.1个百分点，增速分季度波动幅度小。工业转型升级的态势逐渐增强，尤其是装备制造业和高技术产业规模以上工业增加值分别比上年增长9.5%和10.8%，增速分别高于整个规模以上工业3.5和4.8个百分点，已成为工业增速加快的主要力量；六大高耗能行业增加值比上年增长 5.2%，增速较上年回落 1.1 个百分点。

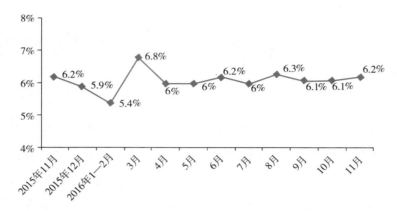

图 2 - 1　2015 年 12 月—2016 年 12 月规模以上工业增加值同比增速

资源来源：国家统计局，2016 年 12 月。

投资增速小幅回落，全国完成固定资产投资同比增长 8.3%，比上年同期降低 1.9%。工业投资结构继续优化，1—11 月，采矿业投资增速持续负增长 20.2%，但制造业投资增长 3.6%，增速比 1—9 月加快 0.5 个百分点。在国家有关政策的支持下，工业技改投资增势良好，工业高技术产业投资增长较快，高耗能行业投资增速下降。

2016 年，规模以上工业企业利润比上年增长 8.5%，扭转了上年利润下降的局面。装备制造业、高技术制造业利润增长加快，其中装备制造业利润增长 8.4%，较上年提高 4.4 个百分点；高技术制造业利润增长 14.8%，较上年提高 5.9 个百分点。全年销售增长加快，规模以上工业企业主营业务收入比上年增长 4.9%，增速比上年加快 4.1 个百分点。尤其是 2016 年以后，工业企业利润总额增速涨幅逐步扩大，企业效益向好态势进一步稳固。

二、重点行业发展情况

2016 年，我国工业发展以供给侧结构性改革为主线，以提质增效为核心，重点推进"三去一降一补"，工业经济运行平稳、结构持续优化、效益和质量明显提升。2016 年，战略性新兴产业增加值比上年增长 10.5%，高于全部规模以上工业 4.5 个百分点，电子、汽车行业对工业增长的贡献率达到 27.9%，钢铁、煤炭行业虽然随着价格回暖行业效益好转，但总体过剩格局未发生根本改变，对工业增长的贡献率为负。

钢铁行业：2016年，钢铁行业产量和消费量略增，粗钢产量80837万吨，同比增长1.2%，钢铁行业工业增加值仅6—7月同比出现低速增长，下半年以来，增加值降幅逐渐扩大，全年工业增加值增速为-1.7%，增速较上年下降7.1个百分点。出口量仍在1亿吨以上，1—12月我国累计出口钢材10843万吨，同比下降3.5%，出口贸易摩擦较2015年形势更严峻。随着原材料价格增长，行业效益回暖，利润总额达到1659.1亿元，较上年增长232.3%。过剩产能基本得到遏制、非法产能受到严重打击。随着《关于钢铁行业化解过剩产能实现脱困发展的意见》和《关于印发钢铁行业兼并重组处置"僵尸企业"工作方案的通知》的逐步落实，2016年全年完成化解钢铁过剩产能6500万吨，超额完成年度任务；严厉整治"地条钢"，钢铁非法产能将进一步得到有效控制；宝钢、武钢联合重组，促进了去产能与区域布局优化、产品和技术结构升级相结合。总体上看，钢铁行业的供大于求的总体局面没有改变，钢铁行业产业结构调整、转型升级的任务仍然十分艰巨。

有色金属行业：2016年，有色金属行业生产平稳增长，全国十种有色金属产量合计5283万吨，同比增长2.5%。2016年初，有色金属行业就以10%以上的增加值累计增速实现平稳增长，7月以来增速放缓，全年累计增速达到6.2%，较上年下降5.1个百分点。产品价格大幅上涨，企业利润有所回升，规模以上工业企业实现利润总额1626.6亿元，较上年同期增长37.4%，且利润的增幅明显高于产量和销售收入的增幅。淘汰落后产能和企业主动去产能的效益初步显现，部分电解铝骨干企业采取弹性生产措施，主动减产限产，共关闭了420万吨电解铝产能，改善了市场供需关系。总体来看，有色金属供应结构性过剩局面短期内不会改变，有色金属产品价格上涨动力不足，企业经济效益持续回升的压力仍然较大。

建材行业：2016年，建材行业工业增加值为6.5%，与上年基本持平。重点产品产量回升，全国水泥产量超过24亿吨，同比增长2.5%，平板玻璃产量77403万重量箱，同比增长5.8%，相较2015年，两种产品分别下降4.9%、8.6%。产品价格上涨，企业效益有所改善，4月以来，企业利润增长率由负转正，全年主营业务收入达到61862.7亿元，较上年增长5.4%，累计实现利润总额4051亿元，较上年增长11.2%。

消费品工业：2016年，造纸行业增加值增速为5.9%，较上年下降0.6个百分点；产量略增，机制纸及纸板累计生产量为12319.2万吨，同比增长3.1%；主营业务收入8725.2亿元，同比增长7.0%；利润总额486.1亿元，同比增长28.7%。纺织行业受市场需求低迷、原材料价格上涨影响，工业增加值持续放缓，规模以上纺织业增加值累计增长5.5%，较上年下降1.5个百分点；主营业务收入和总利润增速放缓，主营业务收入40869.7亿元，较上年累计增长3.9%，总利润2194.1亿元，较上年累计增长3.5%。农副食品加工业、食品制造业、医药制造业以高于全工业的增速和利润实现平稳发展，工业增加值增速分别为6.1%、8.8%、10.8%，主营业务收入较上年同期累计增长6%、8%、9.7%，企业总利润较上年同期分别增长6.3%、11.7%、15.3%。

装备制造业：2016年，汽车产销继续保持增长态势，其中新能源汽车产销量增长均超过50%，拉动汽车制造业增加值高速增长，较上年同期累计增长15.5%，增速领跑工业全行业，成为拉动工业增长的主要行业；主营业务收入80185.8亿元，较上年累计增长14.1%；利润总额达到6677.4亿元，较上年累计增长10.8%。航空航天、船舶、铁路等运输设备制造业工业增加值较上年同期累计增长3.2%；增速较上年同期下降3.6个百分点；主营业务收入16408亿元，较上年累计增长0.9%；利润总额达到1020.9亿元，较上年累计增长4.8%。机械工业增加值同比增长9.6%，较上年增速提高4.1个百分点，高于全国工业增速3.6个百分点；累计实现主营业务收入24.55万亿元，同比增长7.44%，64%以上的产品产量保持增长。

电子信息制造业：2016年，规模以上电子信息制造业增加值同比增长10%，同比回落0.5个百分点，快于全部规模以上工业增速4个百分点。其中，电子器件行业重点产品产量高位增长，生产集成电路、半导体分立器件、光伏电池分别同比增长21.2%、11%、17.8%。行业效益状况良好，主营业务收入同比增长8.4%，利润增长12.8%。外贸进出口降幅扩大，据海关统计，全年电子信息产品进出口总额同比下降6.4%，其中，出口7210亿美元，下降7.7%，降幅较上年扩大6.6个百分点；进口5035亿美元，下降4.6%，降幅较上年扩大3.4个百分点。

第二节　工业能源资源消费状况

一、能源消费情况

2016 年全国全社会用电量 5.92 万亿千瓦时、同比增长 5.0%，比上年提高 4.0 个百分点。其中，第二产业用电量有所回升，同比增长 2.6%，较上年同期提高 3.7 个百分点。第二产业中的四大高耗能行业对全社会用电量增长拉动为零，装备制造、新兴技术及大众消费品业用电量增长态势显著。1—11月，规模以上电厂水电、火电、核电、风电发电量占比分别为 18.3%、73.9%、3.6%、4.0%。其中，火电利用小时为 2005 年以来同期最低水平，风电发电量大幅增长，同比增长 30.3%，增速较上年同期提高 9.9 个百分点。

1—11 月，全国工业用电量累计达到 37462 亿千瓦时，同比增长 2.6%，增速比上年同期提高 3.7 个百分点。其中，轻、重工业用电量分别同比增长 4.4%、2.2%，增速比上年同期分别提高 3.1 和 3.8 个百分点。制造业日均用电量 91.6 亿千瓦时/天，创 2014 年以来新高。化学原料制品、非金属矿物制品、黑色金属冶炼和有色金属冶炼四大高载能行业用电量合计 15922 亿千瓦时，同比下降 0.9%，累计用电量降幅逐月收窄。规模以上企业单位工业增加值能耗下降约 5%。

二、资源消费情况

（一）水资源消费情况

2016 年我国水资源总量为 30150 亿立方米，全年总用水量 6150 亿立方米，比上年增长 0.8%。万元国内生产总值用水量 84 立方米，比上年下降 5.6%。工业用水量比上年减少 0.4%，万元工业增加值用水量 53 立方米，下降 6.0%。

（二）矿产资源消费情况

2016 年，我国原煤产量持续负增长，原煤产量累计达到 33.6 亿吨，较上年减少9.4%。受国际油价持续低位震荡影响，原油生产企业实施计划性减产，原油产量2.0亿吨，较上年减少6.9%。受国家鼓励天然气消费政策和下游用户企业经济低迷的双重影响，天然气产量保持低速增长，天然气产量1235.4亿立方米，比上年同期增长2.2%。受固定资产投资增长、建材价格上升影响，水泥、平板玻璃等产品产量增速由负转正，分别较上年增长2.5%、5.8%。

表2-1　2016年我国主要矿产品产量及增长速度

产品名称	单位	产量	比上年增长（%）
原煤	亿吨	33.6	-9.4
原油	亿吨	2.0	-6.9
天然气	亿立方米	1368.3	2.2
粗钢	亿吨	8.1	1.2
铁矿石	亿吨	12.8	-3.0
黄金	吨	453	0.76
十种有色金属	万吨	5283.2	2.5
磷矿石	万吨	14439.8	1.0
原盐	万吨	6309.5	1.0
水泥	亿吨	24.0	2.5
平板玻璃	万重量箱	77402.8	5.8

资料来源：国家统计局，2016年12月。

第三节　工业节能减排状况

一、工业节能进展

2016年，工业节能与绿色发展工作取得了积极成效，绿色制造体系初步建立。全国万元国内生产总值能耗下降5.0%以上，万元工业增加值用水量53立方米，下降6.0%，完成年度目标。

（一）工业结构持续优化

高耗能行业增长明显放缓，供给侧结构性改革取得阶段性成果。2016年，六大高耗能行业增加值比上年增长 5.2%，增速较上年回落 1.1 个百分点，并呈逐季度回落态势。钢铁、煤炭行业完成了去产能的年度目标任务，《钢铁煤炭行业淘汰落后产能专项行动实施方案》发布以来，共排查出炼铁落后产能约 700 万吨、炼钢约 1100 万吨，并于 2016 年 9 月底前已全部关停。"十二五"期间累计淘汰炼铁产能 9089 万吨、炼钢 9486 万吨、电解铝 205 万吨、水泥（熟料及粉磨能力）6.57 亿吨、平板玻璃 1.69 亿重量箱，分别超额完成"十二五"目标的 44%、51%、128%、40% 和 54%。

表 2－2　"十二五"淘汰落后和过剩产能任务完成情况

行业	2011	2012	2013	2014	2015	"十二五"累计任务完成情况
炼铁（万吨）	3192	1078	618	2823	1378	9089
炼钢（万吨）	2846	937	884	3113	1706	9486
焦炭（万吨）	2006	2493	2400	1853	948	9700
铁合金（万吨）	212.7	326	210	262	127	1137.7
电石（万吨）	151.9	132	118	194	10	605.9
电解铝（万吨）	63.9	27	27	50.5	36.2	204.6
铜（含再生铜）冶炼（万吨）	42.5	75.8	86	76	7.9	288.2
铅（含再生铅）冶炼（万吨）	66.1	134	96	36	49.3	381.4
锌（含再生锌）冶炼（万吨）	33.8	32.9	19	—	—	85.7
水泥（熟料及粉磨能力）（万吨）	15497	25829	10578	8773	4974	65651
平板玻璃（万重量箱）	3041	5856	2800	3760	1429	16886
造纸（万吨）	831.1	1057	831	547	167	3433.1
酒精（万吨）	48.7	73.5	34	—	—	156.2
味精（万吨）	8.4	14.3	29	—	—	51.7
柠檬酸（万吨）	3.55	7	7	—	—	17.55
制革（万标张）	488	1185	916	622	260	3471
印染（万米）	18.67	32.58	32.2	20.93	12.1	116.48
化纤（万吨）	37.25	25.7	55	11	—	128.95
铅蓄电池（极板及组装）（万千安）	—	2971	2840	3020	791	9622
稀土（氧化物）（万吨）	—	—	—	11.37	—	11.37
煤炭（万吨）	4870	4355	14578	23528	10167	57498
电力（万千瓦）	784	551.2	544	485.8	527.2	2892.2

资料来源：工业和信息化部，赛迪智库整理，2017 年 1 月。

（二）节能与绿色发展体制机制建设取得初步进展

加快推进绿色发展顶层设计和平台建设工作。发布《工业绿色发展规划（2016—2020年）》，加强工业绿色发展宏观指导。发布《绿色制造工程实施指南（2016—2020年）》，推进绿色制造体系建设，实施绿色制造工程专项。加快绿色制造相关标准制定和发布。开展工业节能与绿色发展评价中心推荐工作，确定了第一批节能与绿色发展评价中心。

强化工业节能法制建设和工业节能监察新机制。发布《工业节能管理办法》，对重点用能企业节能工作提出明确要求。开展2016年国家重大工业节能专项监察，对全国范围内4131家重点用能企业实施国家重大工业节能专项监察，在钢铁行业能耗专项检查中，核查具有冶炼能力的钢铁企业共计568家，督促违规企业落实整改，有力地促进了钢铁行业化解过剩产能。

节能技术支撑体系逐步完善。健全节能技术遴选、评定及推广机制，发布《节能机电设备（产品）推荐目录（第七批）》等一批节能、低碳、节水、综合利用技术装备目录，实施能效、水效"领跑者"引领行动。重点淘汰高耗能终端用能设备，发布《高耗能落后机电设备（产品）淘汰目录（第四批）》。

（三）高耗能行业用电量下降

2016年，制造业用电量增长2.5%，增速比上年提高3.1个百分点，其中钢铁、化工、有色行业用电量增速居制造业用电量前三位，建材行业用电量增速排倒数第六位，钢铁行业用电量出现负增长。1—11月，化学原料制品、非金属矿物制品、黑色金属冶炼和有色金属冶炼四大高载能行业用电量合计15922亿千瓦时，同比下降0.9%，增速比上年同期提高1.9个百分点。其中，化工行业、建材行业用电量分别为3956亿千瓦时、2911亿千瓦时，均较上年有所增长，同比分别增长1.2%、2.4%，增速比上年同期回落1.1个百分点、提高8.8个百分点；黑色金属冶炼行业用电量4407亿千瓦时，同比下降5.0%，增速比上年同期提高3.4个百分点；有色金属冶炼行业4647亿千瓦时，同比下降0.4%，增速比上年同期回落3.2个百分点。其他制造业保持一定增长，其中装备制造、新技术产业增长较快。

（四）东、中部用电量稳定增长，东北地区用电形势好转

东、中、西部和东北地区全社会用电量同比分别增长 5.9%、5.4%、3.7% 和 2.7%，东、中部地区用电形势相对较好，是全国用电增长的主要拉动力。各地区分季度用电走势均呈现前低后高的趋势（见表 2-3），下半年以来各地区用电均实现较为明显的提高。西部地区高耗能产业比重大，受供给侧结构性改革影响，上半年用电增速较上年同期出现回落，东北地区受上年用电基数偏低影响，用电量扭转了负增长态势，总体形势好于上年。

表 2-3　2016 年各地区分季度用电量增速

	东部	中部	西部	东北地区
第一季度	4.1%	4.7%	1%	1.5%
上半年	3.6%	3.5%	0.9%	0.6%
前三季度	5.5%	5.5%	2.6%	1.4%
全年	5.9%	5.4%	3.7%	2.7%

资料来源：中国电力企业联合会，2016 年 12 月。

（五）工业领域积极应对气候变化，碳减排力度加大

调整产业结构。"十二五"期间，我国产业结构优化取得明显进展，2015 年工业比重比 2010 年下降 5.7 个百分点，产业结构调整对碳强度下降目标完成发挥了重要作用。2015 年，国务院公布《中国制造 2025》，对传统产业提出提高创新设计能力、提升能效、绿色改造升级、化解过剩产能等战略任务。工业和信息化部推进区域工业绿色转型发展试点，批复 11 个城市试点实施方案，探索绿色低碳转型路径和模式。

开展低碳工业园区试点工作。在前期工作基础上，深入开展工业绿色低碳试点示范，2016 年，工业和信息化部、发改委批复了第二批 12 家国家低碳工业园区。实施重点行业能源利用高效低碳化改造，发布《国家重点节能低碳技术推广目录》，涉及煤炭、电力、钢铁、有色、石油石化、化工等 13 个行业，共 296 项重点节能技术。

建立适应我国产业结构特点和节能减排目标需求的节能低碳认证认可制度，包括节能产品认证、低碳产品认证、森林认证、能源管理体系认证、碳排放量审定/核查等，并应用于碳排放权交易市场试点、低碳城市创建等项目。稳步推进碳市场建设工作。为确保 2017 年启动全国碳排放权交易，发改委下发《关于切实做好全国碳排放权交易市场启动重点工作的通知》，明确了 2016 年的工作目标、工作任务以及保障措施。

二、工业领域主要污染物排放

《中国环境状况公报 2015》数据显示，全国化学需氧量、二氧化硫、氨氮和氮氧化物排放总量分别比 2014 年下降 3.1%、5.8%、3.6% 和 10.9%。工业领域深入推进节能法制建设和主要污染物减排，加大重点行业规范管理力度，工业源主要污染物排放总量分别较上年下降 5.7%、10.6%、6.5%、15.9%。

（一）工业废水及污染物排放情况

《中国环境统计年报 2015》的数据显示，2015 年，全国废水排放量 735.4 亿吨，比上年增加 2.7%；其中，工业废水排放量 199.5 亿吨，比上年减少 2.8%。全国废水中化学需氧量和氨氮排放量分别为 2223.5 万吨、229.9 万吨，分别比上年减少 3.1% 和 3.6%。2015 年，全国工业废水中重金属汞、镉、六价铬、总铬、铅和砷排放量分别为 1 吨、15.5 吨、23.5 吨、104.4 吨、77.9 吨和 111.6 吨；其中，重金属镉、铅、砷的排放量分别比上年增加 42.9%、8.5% 和 2.2%，六价铬和总铬排放量分别比上年减少 32.5%、20.8%。

表 2-4 "十二五"期间废水及主要污染物排放总量和工业源排放情况

年份	废水排放量（亿吨）		化学需氧量排放量（万吨）		氨氮排放量（万吨）	
	总量	工业	总量	工业	总量	工业
2011	659.2	230.9	2499.9	354.8	260.4	28.1
2012	684.8	221.6	2423.7	338.5	253.6	26.4
2013	695.4	209.8	2352.7	319.5	245.7	24.6
2014	716.2	205.3	2294.6	311.3	238.5	23.2
2015	735.3	199.5	2223.5	293.5	229.9	21.7

资料来源：《中国环境统计年报 2015》。

（二）工业废气及污染物排放情况

2015 年，全国二氧化硫、氮氧化物、烟（粉）尘排放量分别为 1859.1 万吨、1851.9 万吨、1538 万吨，较上年分别减少 5.8%、10.9%、11.6%。其中，工业源排放量分别为 1556.7 万吨、1180.9 万吨、1232.6 万吨，较上年分别减少 10.6%、15.9%、15.4%。

表 2-5 "十二五"前四年废气中主要污染物工业源排放情况

年份	二氧化硫（万吨）		烟尘（万吨）		氮氧化物（万吨）	
	总量	工业	总量	工业	总量	工业
2011	2217.9	2017.2	1278.8	1100.9	2404.3	1729.7
2012	2117.6	1911.7	1234.3	1029.3	2337.8	1658.1
2013	2043.9	1835.2	1278.1	1094.6	2227.4	1545.6
2014	1974.4	1740.4	1740.8	1456.1	2078.0	1404.8
2015	1859.1	1556.7	1538	1232.6	1851.9	1180.9

资料来源：《全国环境统计公报》（2011—2015）。

（三）工业固体废物产生情况

2015 年，我国一般工业固体废物产生量为 32.7 亿吨，比上年增加 0.4%。其中，综合利用量为 19.9 亿吨，较上年减少 2.7%，综合利用率为 60.3%。全国工业危险废物产生量为 3976.1 万吨，较上年增加 9.4%。其中，综合利用量为 2049.7 万吨，较上年下降 0.6%；处置利用率为 79.9%，较上年增加 1 个百分点。

表 2-6 "十二五"期间一般工业固体废物产生及处理情况

（单位：万吨）

年份	产生量	综合利用量	处置量	贮存量
2011	322722	195215	70465	60424
2012	329044	202462	70745	59786
2013	327702	205916	82970	42634
2014	325620	204330	80388	45033
2015	327079	198807	73034	58365

资料来源：《中国环境统计年报 2015》。

表2-7 "十二五"期间工业危险废物产生及处理情况

(单位:万吨)

年份	产生量	综合利用量	处置量	贮存量	处置利用率
2011	3431.2	1773.1	916.5	823.7	76.5%
2012	3465.2	2004.6	698.2	846.9	76.1%
2013	3156.9	1700.1	701.2	810.9	74.8%
2014	3633.5	2061.8	929.0	690.6	81.2%
2015	3976.1	2049.7	1174.0	810.3	79.9%

资料来源:《中国环境统计年报2015》。

(四) 重点行业污染物排放情况

1. 废水及主要污染物排放情况

2015年,在调查统计的41个工业行业中,废水排放量位于前4位的行业依次为化学原料和化学制品制造业,造纸和纸制品业,纺织业,煤炭开采和洗选业,共排放废水82.6亿吨,占重点调查工业企业废水排放总量的45.5%。化学需氧量排放量居前4位的行业依次为农副食品加工业,化学原料和化学制品制造业,造纸和纸制品业,纺织业,共排放废水128.9万吨,占重点调查工业企业排放总量的50.4%。氨氮排放量位于前4位的行业依次是化学原料和化学制品制造业,农副食品加工业,石油加工、炼焦和核燃料加工业,纺织业,共排放氨氮10.5万吨,占重点调查工业企业排放总量的53.6%。工业行业重金属污染排放情况见表2-8。

表2-8 工业行业废水重金属污染物排放情况

污染物	排放量(吨)	主要行业及所占比例
汞	0.98	有色金属冶炼和压延加工业29.4%,有色金属矿采选业24.2%,化学原料和化学制品制造业23.0%
镉	15.5	有色金属冶炼和压延加工业69.7%,有色金属矿采选业19.2%,黑色金属冶炼和压延加工业2.6%
铅	77.9	有色金属冶炼和压延加工业41.6%,有色金属矿采选业39.4%,化学原料和化学制品制造业6.2%
砷	111.6	有色金属矿采选业38%,化学原料和化学制品制造业29.5%,有色金属冶炼和压延加工业23.8%
六价铬	23.5	金属制品业67.6%,黑色金属冶炼和压延加工业10.8%,皮革、毛皮、羽毛及其制品和制鞋业9.0%
总铬	104.4	皮革、毛皮、羽毛及其制品和制鞋业49.8%,金属制品业35.1%,黑色金属冶炼和压延加工业6.2%

资料来源:《中国环境统计年报2015》。

2. 废气及主要污染物排放情况

在调查统计的41个工业行业中，电力、热力生产和供应业，非金属矿物制品业，黑色金属冶炼及压延加工业共排放二氧化硫883.2万吨，排放氮氧化物869万吨，均居工业行业二氧化硫和氮氧化物排放量前三位，分别占重点调查工业企业排放总量的63.1%和79.9%。黑色金属冶炼及压延加工业，非金属矿物制品业，电力、热力生产和供应业共排放烟（粉）尘825.2万吨，居工业行业烟（粉）尘排放量前三位，占重点调查工业企业排放总量的74.5%。"十二五"期间，电力、热力生产和供应业，非金属矿物制品业，黑色金属冶炼及压延加工业三个行业占重点调查统计企业排放量比重分别减少9.9个、3.6个和8.6个百分点。

表2-9　电力、钢铁和建材行业废气中主要污染物排放量占重点调查统计企业排放量比重

年份	二氧化硫	氮氧化物	烟（粉）尘
2010	73.0%	83.5%	65.9%
2011	71.4%	88.6%	68.2%
2012	69.7%	87.9%	68.9%
2013	68.2%	86.6%	70.0%
2014	65.9%	84.0%	76%
2015	63.1%	79.9%	74.5%

资料来源：《中国环境统计年报2015》。

在废气主要污染物排放量居前三位的行业中，电力、热力生产和供应业二氧化硫、氮氧化物、烟（粉）尘排放量分别为505.8万吨、497.6万吨和227.7万吨，较上年分别减少18.6%、30.2%和16.4%；黑色金属冶炼及压延加工业排放量分别为173.6万吨、104.3万吨和357.2万吨，其中，二氧化硫、烟（粉）尘排放量分别较上年减少19.3%、16.4%，氮氧化物排放量较上年增加3.4%；非金属矿物制品业排放量分别为203.8万吨、267.1万吨、240.3万吨，较上年减少2.3%、8.2%、9.1%。

表 2-10 2015 年重点行业废气主要污染物排放情况

污染物种类	电力、热力生产和供应业		黑色金属冶炼及压延加工业		非金属矿物制品业	
	排放量（万吨）	同比变化率（%）	排放量（万吨）	同比变化率（%）	排放量（万吨）	同比变化率（%）
二氧化硫	505.8	-18.6	173.6	-19.3	203.8	-2.3
氮氧化物	497.6	-30.2	104.3	3.4	267.1	-8.2
烟（粉）尘	227.7	-16.4	357.2	-16.4	240.3	-9.1

资料来源：《中国环境统计年报 2015》。

（五）大气污染防治重点区域废气污染物排放情况

2016 年，京津冀、长三角、珠三角等重点区域空气质量整体向好，但京津冀仍是全国大气污染形势最严峻的地区。环境保护部督查组对京津冀及周边城市进行督查，督促少数存在严重违法排放行为、应急响应措施落实不到位的企业尽快落实整改要求并依法严肃处理。京津冀地区共完成 80 万户散煤替代工作，削减散煤约 200 万吨。发布实施超低排放环保电价、北方采暖季水泥错峰生产、船舶排放控制区等政策措施。

表 2-11 2016 年三大重点区域主要污染物排放情况

污染物种类	京津冀地区		长三角地区		珠三角地区	
	平均浓度（μg/m³）	变化率（%）	平均浓度（μg/m³）	变化率（%）	平均浓度（μg/m³）	变化率（%）
PM2.5	71	-7.8	46	-13.2	32	-5.9
PM10	119	-9.8	75	-9.6	49	-7.5

资料来源：《74 城市空气质量状况报告》，2016 年 12 月。

2015 年，大气污染防治重点区域工业废气排放量为 375223 亿立方米，较上年减少 1.3%。二氧化硫、氮氧化物、烟（粉）尘排放量分别为 697.3 万吨、564.7 万吨、554.3 万吨，较上年分别减少排放量 21.3%、43.6%、27.3%。

表 2 – 12   2015 年"三区十群"工业废气主要污染物排放情况

区域	二氧化硫		氮氧化物		烟粉尘	
	排放量（万吨）	变化率（%）	排放量（万吨）	变化率（%）	排放量（万吨）	变化率（%）
京津冀	100.6	−21.6	97.7	−23.0	119.8	−24.5
长三角	142.3	−10.3	133.3	−18.5	103.4	−14.6
珠三角	36.1	−10.0	34.8	−19.1	13.3	−28.5
辽宁中部城市群	43.8	−11.3	33	−12.5	58.4	−5.0
山东城市群	122.1	−10.2	94.8	−15.6	90.3	−11.8
武汉及周边城市群	26.5	−8.6	19.5	−12.2	25.5	−11.1
长株潭城市群	8.7	−13.0	6.9	−8.0	8.2	−20.4
成渝城市群	88.1	−11.7	42.9	−20.4	43.6	−4.4
海峡西岸城市群	31.7	−6.2	28	−7.0	32.2	−7.7
山西中北部城市群	28.1	−18.8	22.2	−25.5	25.5	−5.6
陕西关中城市群	35.2	−12.2	25.2	−21.5	19.6	−11.3
甘宁城市群	21.7	−6.9	15.2	−16.9	7.4	−28.2
新疆乌鲁木齐城市群	12.4	−16.8	11.2	−29.1	7.1	−35.5
总计	697.3	−12.6	564.7	−18.5	554.3	−15.0

资料来源：《中国环境统计年报 2015》。

三、工业资源综合利用情况

2016 年，我国加大资源综合利用行业规范管理力度，发布《新能源汽车废旧动力蓄电池综合利用行业规范条件》和《新能源汽车废旧动力蓄电池综合利用行业规范公告管理暂行办法》，公示一批符合轮胎翻新行业、废轮胎综合利用行业、废塑料综合利用行业等规范条件的企业名单。深入推进京津冀及周边地区工业资源综合利用示范工程，推动区域资源综合利用产业与生态协同发展。开展电器电子产品生产者责任延伸试点工作。组织开展再制造产品认定，编制《再制造产品目录（第六批）》。"十二五"期间，我国工业领域资源综合利用规模稳步扩大，2015 年工业资源综合利用率达到 60.3%，固体废物综合利用率达到 65%，其中大宗工业固废（不含废石）综合利用率50%；主要再生资源回收利用量 2.2 亿吨；5 年共利用大宗工业固体废物达

70 亿吨、再生资源 12 亿吨。

表 2－13 "十二五"期间工业资源综合利用率

年份	2011	2012	2013	2014	2015
工业资源综合利用率	59.9%	61%	62.2%	62.1%	60.3%

资料来源：《2011—2015 年中国环境统计年报》。

（一）大宗工业固废综合利用情况

根据《2016 年全国大中城市固体废物污染环境防治年报》数据显示，2015 年，大、中城市一般工业固体废物产生量为 19.1 亿吨，其中，综合利用量 11.8 亿吨，处置量 4.4 亿吨，贮存量 3.4 亿吨，倾倒丢弃量 17.0 万吨。一般工业固体废物综合利用量占利用处置总量的 60.2%，处置和贮存分别占比 22.5% 和 17.3%。

开展工业固体废物综合利用基地建设试点工作和 2016 年水泥窑协同处置固体废物试点示范，推动工业资源综合利用产业规模化、高值化、集约化发展。积极贯彻落实《京津冀及周边地区工业资源综合利用产业协同发展行动计划（2015—2017 年）》，实施京津冀及周边地区工业资源综合利用产业协同发展示范工程，成立京津冀尾矿综合利用产业技术创新联盟。

表 2－14 重点发表调查工业企业大宗工业固体废物综合利用情况

种类	单位	产生量	综合利用量	综合利用率（%）
尾矿	亿吨	9.6	2.7	28.5
煤矸石	亿吨	3.9	2.6	65.5
粉煤灰	亿吨	4.4	3.8	86.4
冶炼废渣	亿吨	3.4	3.1	91.5
炉渣	亿吨	3.2	2.8	88.2
脱硫石膏	万吨	8678	7512.7	86.1

资料来源：《2016 年全国大中城市固体废物污染环境防治年报》

（二）再生资源利用规模不断扩大，回收模式创新趋势明显

"十二五"以来，我国再生资源产业规模不断扩大，2015 年，我国主要再生资源回收利用量约为 2.46 亿吨，比上年增长 0.3%，产业规模约 1.3 万亿元。其中，报废汽车增幅最大，回收量同比增长 170.8%，回收价值同比增

长 85%；报废船舶降幅最大，回收量下降 16.5%，回收价值下降 47.2%。

2016 年，工业和信息化部积极探索再生资源产业发展新机制、新模式，实施国家资源再生利用重大示范工程，在废钢铁、废有色金属、废弃电器电子产品、废旧轮胎、废塑料、建筑废弃物、报废汽车、废纺织品、废矿物油等 9 个领域共计开展 85 个示范工程项目，提高再生资源行业整体水平。

从 2015 年开始，我国再生资源回收利用领域开始涌现 PPP 模式，再生资源回收行业向信息化、自动化、智能化方向发展，不少互联网企业积极搭建在线交易平台，促使再生资源交易市场由线下向线上线下结合转型升级，减少了回收环节，降低了回收成本。

表 2 - 15   我国 2015 年主要再生资源类别回收情况

（报废船舶回收量单位：万轻吨）

种类	回收量（万吨）	同比增长（%）	回收值（亿元）	同比增长（%）
废钢铁	14380	- 5.6	1984.4	- 36.5
废有色金属	876	9.8	1395.6	5.4
废塑料	1800	- 10	810	- 26.4
废纸	4832	9.3	642.7	4.3
废轮胎	500.6	16.3	65.1	- 5.4
废弃电器电子产品	348	11	78.3	- 0.1
报废船舶	91	- 16.5	11.5	- 47.2
报废汽车	871.9	170.8	122.1	85
废玻璃	850	- 0.6	21.3	- 17.1
废电池（铅酸除外）	10	5.3	18.5	- 6.6
合计	24550.4	0.3	5149.4	- 20.1

资料来源：商务部：《中国再生资源回收行业发展报告（2016）》。

（三）再制造工作稳步推进，关键技术取得突破进展

2016 年，发布《再制造产品目录（第六批）》，积极开展再制造产品认定工作，开展机电产品再制造第一批试点单位验收和公布第二批试点单位名单。积极推进内燃机等重点产品再制造，召开技术交流会，讨论技术发展、管理理念、营销模式、旧件回收体系等重要议题。11 月，我国首台国产主轴承的再制造盾构机成功下线，突破了主轴承自主研制瓶颈。

第三章　节能环保产业

2016 年，我国节能环保产业规模进一步扩大。产业并购热潮持续，环保行业累计完成并购 57 起，涉及金额接近 300 亿元。PPP 模式在环保产业转型方面作用突出。节能产业方面，呈现出稳步增长、节能服务能力逐步提升、节能技术装备水平显著提高、融资渠道持续开阔等特点。环保产业方面，呈现出产业集中度不断提高、技术水平显著提升、环境服务业迅猛增长的特点。资源循环利用产业方面，呈现出循环利用规模持续扩大、政策持续利好、"互联网"思维日益渗透等特点。

第一节　总体状况

一、发展现状

《中国制造 2025》聚焦绿色发展，助力 2016 年节能环保产业快速发展，产业规模继续扩大，兼并重组持续推进，海外并购表现抢眼，环保 PPP 模式备受关注。

产业规模进一步扩大。2015 年，我国节能环保产业产值达到 4.5 万亿，"十二五"期间，节能环保产业年均增长率超过 20%，保守预计，2016 年我国节能环保产业产值达到 5.2 万亿元。节能、环保子领域的迅猛增长带动了节能环保产业产值规模的进一步扩大，受大宗商品市场价格持续走低的影响，资源循环利用产业增长略有回落。

产业并购热潮持续。据 Wind 数据统计，2016 年，环保行业累计完成并购 57 起，涉及金额接近 300 亿元。并购的目的主要包括调整战略布局、拓展细分领域、产业链深耕等，并购的方向主要有：平台化、纵向一体化、横向一体化。不少环保企业通过并购成为综合性、全阵容的环保服务供应商。海外并购在 2016 年表现抢眼，实施 14 例海外并购案例，涉及北京控股、天翔环境、维尔利、先河环保、格林美等多家企业，总金额超过 160 亿元，而 2015 年环保海外并购涉及金额仅 55.1 亿元，海外并购的业务领域包括了污水处理、环境监测、废物资源化等领域。北控以 14.38 亿欧元收购德国龙头垃圾发电企业 EEW 刷新了收购金额纪录。

PPP 模式加快环保产业转型。2016 年，环保领域 PPP 模式发展迅猛，伴随着 PPP 模式的持续发力，环保产业市场活力被进一步激发，环保订单加速释放，进一步提升行业景气度。根据财政部对入库项目的统计，单个环保类 PPP 项目平均投资高达 4.5 亿元。订单向优势企业集中，并且 PPP 项目多具有系统集成的特征，将过去单一项目打包，增强了规模效应的发挥，促进了行业的兼并重组和资源整合。

二、主要推动措施

2016 年，工业和信息化部印发了《工业绿色发展规划（2016—2020年)》，提出构建绿色制造体系，组织开展绿色制造系统集成工作，对节能环保产业发展提出新的目标和要求，采取了一系列措施推动节能环保产业发展。

节能产业方面：继续淘汰高耗能落后机电设备（产品），发布第四批淘汰目录，涉及三相配电变压器 52 项、电动机 58 项、电弧焊机 17 项；继续开展节能机电设备（产品）推荐及"能效之星"产品评价工作；发布节能机电设备（产品）推荐目录（第七批）；发布《工业节能管理办法》；制定高效节能环保工业锅炉产业化实施方案；发布 2016 年度能效"领跑者"企业名单，遴选出了乙烯、合成氨、水泥、平板玻璃、电解铝行业 16 家能效领先的领跑企业；持续推进绿色数据中心建设，发布第一批绿色数据中心先进适用技术目录。

环保产业方面：推进生态设计，开展工业产品生态（绿色）设计第二批试点工作，确定了 58 家企业为工业产品生态（绿色）设计试点企业；发布第二批国家鼓励的工业节水工艺、技术和装备目录；继续开展高风险污染物削减行动计划，开展重点行业挥发性有机物削减行动。

资源循环利用方面：开展国家资源再生利用重大示范工程，发布了 85 项示范工程，对于推动制造业绿色发展，培育新的经济增长点，探索再生资源产业发展新机制、新模式，提升再生资源产业整体水平具有重要意义；发布了电器电子产品生产者责任延伸首批试点，共 17 家单位入选；开展京津冀及周边地区工业资源综合利用产业协同发展示范工程项目，公布了第一批工业资源综合利用示范基地，共 12 个地区；举办工业资源综合利用政策培训班，进一步提高资源循环利用相关管理人员的专业素质。

此外，再制造方面，机电产品再制造试点稳步推进，第一批 20 家单位入选，第二批 56 家单位入选，并发布第六批再制造产品目录。低碳方面，开展国家低碳工业园区第二批试点建设，共 12 家单位入选。

2016 年底发布了《中华人民共和国环境保护税法》，将于 2018 年 1 月 1 日起正式实施。这是我国第一部以推进生态文明建设为目的的单行税法，将实现污染物排放收费制度向征税制度的转换，费改税后，征管部门也将由环保部门变为税务部门。排污费改税将有利于通过税收杠杆，引导排污单位减少污染物排放，作为推进生态文明建设在财税领域的重大举措，对我国建立完善"绿色税收"体系意义重大。

第二节　节能产业

节能产业是我国加快培育和发展的战略性新兴产业之一，其产业链长、关联度高、市场需求大、发展前景广阔。在我国相关政策的支持下，节能产业发展迅速。

一、发展特点

（一）产业稳步增长

工业是能源消耗重点领域，我国节能产业发展主要依靠工业领域拉动。目前，重点工业行业节能技术装备得到推广应用，助推节能产业快速发展。

如钢铁、水泥等重点工业行业烧结余热发电、低温余热发电等技术的普及率大幅提高，成套技术装备从设计环节到制造环节均达到国际领先水平。节能领域上市公司发展迅速，主要集中在北京及东部沿海省市，特别是节能服务业涌现出一批引领产业健康发展的龙头企业。目前，我国节能服务产业总产值已增长到 3127 亿元，年均增长率为 30%。合同能源管理投资增长到 1040 亿元，年均增长率 29%，累计合同能源管理投资 3711 亿元。

图 3-1　2010—2015 年节能服务产业产值变化

资料来源：EMCA，2016 年 1 月。

（二）节能服务能力逐步提升

随着节能减排工作的深入推进，节能服务公司队伍结构不断优化，专业化建设不断加强，团队素质不断提升；节能技术研发创新力度不断加大，节能服务科技创新成果丰硕，技术水平不断增强；商务模式不断创新，逐步构建最佳合作方式，不断丰富和发展合同能源管理的内涵和外延；服务领域不断拓展，合同管理模式进一步在原有的工业企业、建筑、道路照明等领域应用，并进一步在新建项目、分布式能源、生物质利用、太阳能光伏等方面推广应用。中国节能协会节能服务产业委员会（EMCA）统计数据显示：目前，全国从事节能服务业务的企业总数达到 5426 家，比"十一五"末期增长近 6 倍；行业从业人员达到 60.7 万人，比"十一五"末期增长近 2.5 倍。"十二五"期间超过 43 万人由能源供应、房地产业、科研院所、工程安装、设备销售以及专业技术人才和管理人才加入节能服务产业大军。

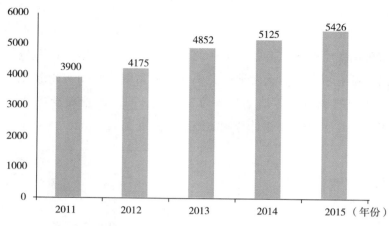

图3-2 2011—2015年中国节能服务产业企业数量变化

资料来源：EMCA，2016年1月。

（三）节能技术装备水平显著提高

落实《重大节能技术装备产业化实施方案》，围绕节能领域重大、关键、共性材料、技术和装备，加大研发投入力度，开展节能科技研发攻关，突破核心技术瓶颈，掌握专利技术和自主知识产权，为大规模推广节能产品和装备奠定科技基础。在高效锅炉、电机系统、余热余能利用、节能家电等领域形成一批拥有自主知识产权和核心竞争力的重大装备与产品，显著提高节能装备核心元器件、生产工艺核心技术以及先进仪器仪表的国产化水平；推广重大节能技术与装备。到2017年，高效节能技术与装备市场占有率有望提高到45%左右，产值超过7500亿元，实现年节能能力1500万吨标准煤。

（四）融资渠道持续开阔

随着国家政策导向逐步明晰，节能产业连续数年持续增长。各类金融机构逐步认可节能服务效益分享模式，开发了多种融资手段，能效信贷规模持续扩大，节能服务公司商务模式不断创新。领先的节能公司纷纷启动上市流程，技术型企业开始涌现。并涌现了一批中小节能服务企业在新三板挂牌，节能服务企业上市融资取得新进展，合同能源管理模式开始受到市场认可。节能服务产业通过内部资源高效整合，企业并购重组不断推进，企业不断提升综合节能服务水平，构建子品牌。节能基金不断组建和运营，创新了节能环保投融资机制，丰富了节能融资渠道。融资租赁、股权交易平台、私募债等多种融资渠道有效促进了节能服务产业的发展。

二、技术装备

我国节能产业围绕锅炉、电机、余热回收、节能家电、绿色照明、节能与新能源汽车等重大、关键、共性材料、技术和装备，不断加大研发投入力度，开展科技攻关，加强科技创新，推进节能技术与装备产业化进程，节能技术水平不断提高。

（一）锅炉领域

按照《"十三五"节能环保产业发展规划》要求，通过加快开发工业锅炉燃烧自动调节控制技术装备；推进燃油、燃气工业锅炉技术装备产业化；加快推广等离子点火、富氧/全氧燃烧等高效煤粉燃烧技术和装备，以及大型流化床等高效节能锅炉，锅炉技术水平不断提高。通过实施燃煤锅炉和锅炉房系统节能改造，提高锅炉热效率和运行管理水平；开展锅炉专用煤集中加工，提高锅炉燃煤质量；持续推动老旧供热管网、换热站改造，锅炉节能技术水平显著提高。

（二）电机系统领域

电机领域紧紧围绕生产、使用、回收及再制造等关键环节，通过加强新型高效电机产品、高效电机关键材料、电机系统适应性改造关键技术、电机系统能耗诊断及系统节能效果测试评估等技术研发，推广稀土永磁无铁芯电机、电动机用铸铜转子技术等高效节能电机技术和设备，提高电机系统整体运行效率。

（三）余能回收利用领域

推进重点工业行业余能回收。在钢铁行业，焦炉干熄焦装置、高炉干法除尘及炉顶压差发电装置基本普及，焦炉继续实施煤调湿改造，转炉余热发电装置和烧结机余热发电装置得到推广；在有色金属行业，重点建设冶炼烟气废热锅炉和发电装置，粗铅、镁冶炼余热回收利用技术得到推广；在化工行业，硫酸生产低品位热能利用技术和炭黑余热利用技术不断推广；在建材行业，新型干法水泥生产线全部配套建设纯低温余热发电系统，玻璃熔窑余热发电技术、煤矸石烧结砖生产线余热发电技术不断推广；在轻工行业，加大了对造纸生产实施全封闭气罩热回收节能技术改造，余热余压回收利用技术水平显著提升。

（四）家电照明领域

通过研发空调、冰箱等高效压缩机及驱动控制器、高效换热及相变储能装置，各类家电智能控制节能技术和待机能耗技术，空调制冷剂替代技术、二氧化碳热泵技术，家电照明领域节能技术水平显著提升。通过强化能效标识和节能产品认证制度实施力度，推广能效等级为一级和二级的节能家用电器、办公和商用设备以及半导体照明等高效照明产品，引导消费者购买高效节能产品。

（五）节能与新能源汽车领域

在节能与新能源汽车领域投入研发的专项资金超过70亿元，带动了数百亿元的产业研发投入，通过研发和示范具有自主知识产权的汽油直喷、涡轮增压等先进发动机节能技术，以及双离合式自动变速器（DCT）等多档化高效自动变速器等节能减排技术，新型车辆动力蓄电池和新型混合动力汽车机电耦合动力系统、车用动力系统和发电设备等技术装备；汽车领域节能技术显著提升。

三、典型企业

（一）双良节能

双良节能系统股份有限公司（双良节能：600481）在上海交易所挂牌上市。拥有国家级企业技术中心，博士后科研工作站及低碳产业技术研究院，是具国际竞争力的名牌企业之一。主营业务主要包括七大板块：溴化锂吸收式机组、空气储能、空冷凝气系统、海水淡化系统、高效换热器和苯乙烯，以及EPS等。公司将更多资源配置到系统集成市场和外销市场，努力实现设备制造商向系统集成商转型以及从本土业务向国际业务转型。

1. 经营状况

2016 年，为应对新的市场环境，公司进一步深化业务结构，剥离了化工仓储资产，节能、节水、环保业务协调发展，各业务单元在服务型制造转型业务和国际化业务等方面取得了不同程度的突破。2016 年，公司实现营业收入 20.14 亿元，较上年下降 35.5%，利润总额 1.94 亿元，较 2015 年下降 51.3%，归属于上市公司股东的净利润 1.61 亿元，较上年下降 53.7%。其中，溴冷机（热泵）系统业务实现营业收入 7.04 亿元，同比增长 0.6%；毛利率 49.84%。

2. 主营业务

公司溴冷机业务以余热利用为市场经营主线，突破市场瓶颈，在坚守传统余热利用市场的同时，将更多资源配置到系统集成市场和外销市场，以期实现从设备制造商向系统集成商的转型和从本土业务导向向国际业务导向的转型。同时，公司还着力开发新技术和新工艺，确保业务利润率继续维持较高水平。系统集成业务方面，甲乙酮二类热泵制热工艺在湖南中创取得突破；焦化初冷器改造在迁安九江焦化调试成功；公司获得首个电站冷凝热回收系统集成项目山西漳电临汾电厂 EPC 合同。合同能源管理业务方面也取得了实质性进展，成功签约了包括山西天源化工、山西晋祠国宾馆等合同金额超千万元的合同能源管理项目。由于大型石油化工和煤化工投资项目减少，主要为空分装置配套的公司换热器业务深受影响，销售收入出现较大幅度下降，但该业务的依然维持超过 40% 的较高毛利率水平。目前公司换热器产品占据国际高端空分市场 40% 以上的份额，在全球空分行业内处于领先地位。

3. 竞争力分析

双良节能在行业内具备明显的技术优势与规模优势，拥有相关专利 400 余项，并拥有世界最大的溴化锂吸收式冷（温）水机组研发制造基地，是国内大型空冷器研发制造基地和海水淡化研发制造基地之一，通过引进吸收、自主创新、再集成的发展之路打造出国内外一流的生产流水线。公司拥有溴冷机行业国家认定全性能测试台、空冷行业唯一的环境实验室、唯一大型 1000MW 级空冷岛单元热态试验装置、国内首套 100 吨级低温多效海水淡化全性能测试平台。公司针对客户的个性化需求和特定资源条件，建立了遍布全球的销售和服务网络，精心打造 SLremote 云平台，为超过 30000 家客户提供卓越的产品和全生命周期的服务支持，全球 500 强企业中有近 300 家是双良的合作伙伴。

（二）智光电气

广州智光电气股份有限公司（智光电气：002169）立足能源领域，秉承"致力于帮助客户安全、节约、舒适地使用能源"的经营理念，重点从事电气控制设备、电力电缆、综合节能服务及用电服务等业务。

1. 经营状况

2016 年，公司继续坚持"技术创新、产品服务创新"，在微网、储能等综合能源技术领域取得了新的突破；服务水平、服务模式有了较大的提升和转变，从技术领先到服务领先，高端产品服务业务逐步成为公司新的利润增长点。2016 年，公司实现营业收入 13.98 亿元，同比增长 6.98%，实现归属于上市公司股东的净利润 1.11 亿元，同比增长 3.11%。

2. 主营业务

在电气控制设备方面，公司主要经营电网安全与控制、电机控制与节能、供用电控制与自动化、电力信息化系列产品，具体为消弧选线成套装置、高压变频调速系统、电压无功补偿与电能质量控制系统、高压设备状态监测与诊断系统、电力企业调度信息整合平台及应用软件等。公司电气控制设备业务主营产品之一消弧选线成套装置，产品已应用到全国 260 个地级市供电局（全国共 333 个地级市），应用渗透率达到 78%，市场占有率持续位居国内同类产品前列；公司电气控制设备业务主营产品之一高压变频调速系统经过多年的发展，已成为国内知名的专业厂家，连续多年被评选为"中国高压变频器十大品牌"。在超大功率高压变频系统应用方面，公司不断进行技术创新和产品升级，突破新的应用领域，并形成 300—600MW 火电机组电动给水泵变频控制节能改造、600MW 及以上火电机组联合引风机变频控制节能改造、钢铁行业大功率同步电机烧结主抽变频控制节能改造、特大容量电机高压变频软起等高端应用，为国内同业中能与国际优秀品牌媲美的厂家之一。基于公司电力电子技术方面深厚的技术积累，公司高压静止无功发生器（SVG）在电网安全稳定控制和新能源接入网领域得到广泛应用；在新能源领域，公司对新能源接入进行了深入系统研究，并作为主要单位组织起草《光伏智能变电站》标准，并投入大量资源研制出新一代分布式光伏系统智能一体化箱变。

在电力电缆业务方面，主要从事高端电力电缆产品研发、生产、销售，产品主要应用于电力系统和大型工业企业，产品广泛应用于广州新白云机场、广州亚运城、广州琶洲会展中心、广州地铁、深圳地铁、成都地铁、天津奥体中心、博鳌论坛会议中心、深圳大运会中心和广州超算中心等重点工程。在超高压和特种电缆领域，技术水平处于国内领先地位。岭南电缆投资新建的生产基地，对生产设备进行了全面更新和升级换代，引进了当前世界一流的芬兰 Maillefer（麦拉菲尔）立式生产线，提高生产效率，解决了因产能瓶颈对公司发展的制约（高压、超高压电缆年生产能力由原来的 365 公里提升到 1000 公里，产能提升 2.74 倍），同时带来生产效率、产品质量的提升。

3. 竞争力分析

公司已掌握了电气控制与自动化、电力电缆、节能服务、用电服务等领域的核心技术，并构建了相互关联的多技术、多学科综合应用平台，公司利用该平台在相关领域实现了多项技术的研发成功与实际应用。随着公司业务布局的延伸与多元化，多年技术及研发沉淀将使公司在实现国内具有领先地位的大型综合能源技术与服务商的战略时具备更充分成熟的条件及竞争优势。公司与国内多所著名高等院校如清华大学、浙江大学、华中科技大学、华南理工大学、广东电力科学研究院等建立了紧密的合作关系。除公司内部核心技术人员外，公司聘请了多位行业著名的资深专家和学者担任技术委员会委员，共同决策公司技术的发展方向，公司已形成完整的技术研发、产品创新、核心技术人才培养体系。产品与服务均达到国内领先或国际先进水平，形成了智光电气在能源领域的知名品牌影响力。用户对"智光电气""岭南电缆""智光节能"的认可度较高，公司品牌影响力较强，使得公司在拓展业务及开发客户时具有强大品牌优势，有利于公司在把握大量客户的同时顺利进行战略升级。公司形成了"产品＋服务＋投资"的经营平台，在综合能源技术与服务的各细分方向及市场中进行了深层次布局，目前所具备的电气控制设备、电力电缆、综合节能服务、用电服务具有高度相关性和联动性，能够通过目前科学合理的业务布局实现在客户、人员、技术、经营管理上的协同效应，使得公司其他方面竞争优势得到充分发挥。

（三）阳光照明

浙江阳光照明电器集团股份有限公司（阳光照明：600261）主营业务为照明电器的研发、生产和销售，主要产品为普通照明用的绿色照明产品，具体包括 LED 照明产品、一体化电子节能灯、T5 大功率荧光灯及配套灯具等。普通照明（General Lighting）又称通用照明或一般照明，是一类适用于商业、家庭和其他非特定行业的照明产品。2000 年 7 月，公司在上海证券交易所挂牌上市，是国内照明行业的首家民营高科技上市企业。

1. 经营状况

2016 年，公司实现销售收入 43.93 亿元，同比增长 3.18%，归属于上市公司股东的净利润 4.52 亿元，同比增长 21.67%。其中，LED 光源及灯具产品收入 36.74 亿元，同比增长 17.97%，销量 2.69 亿只（套），同比增长 31.86%；节能灯光源及灯具产品收入 6.58 亿元，同比下降 39.80%，销量 0.83 亿只（套），同比减少 38.06%。

2. 主营业务

公司的主营业务为 LED 照明产品的设计与生产、销售和相关照明工程的实施，因此处于产业链下游。照明电器行业的下游面临的是各级经销商和终端应用，根据终端应用领域的不同又可分为商业照明应用、办公照明应用、家庭照明应用、景观照明应用、工矿照明应用等不同细分市场。公司所处的照明行业正处于转型期，从传统照明向 LED 半导体照明转型，从器件产品向应用产品转型，从单纯产品销售向工程项目和解决方案转型。在经营模式上，实现从生产型企业向经营型企业的转变。在不断夯实生产制造能力的同时，提升企业开拓市场、自主创新、照明设计的能力，成长为综合性的照明工程服务提供商。

公司产品销售以境外销售为主，通过为国际知名照明商代工、境外照明批发商、境外连锁性型终端超市等方式销售照明产品。自 2007 年开始，公司提出必须摆脱以代工为主的经营模式，坚定不移地向代工和自主市场并重的经营模式转变。公司目前已分别在比利时、德国、美国、澳大利亚、中国香港等成立了子公司，从事海外销售业务，通过积极开拓国际市场实现自有品牌产品的销售。国内市场实行以经销为主的销售模式，按照地域范围将全国划分为七大片区，并设立了办事处，协助经销商在当地开拓市场。

3. 竞争力分析

公司具备明显的研发技术优势，重视研发，在热学、光学、材料、造型结构设计、驱动芯片开发、智能控制系统等多个要点领域获得了技术突破，获授权国家专利多达 340 多项，其中获授权发明专利 60 多项，国内实用新型专利 120 多项，主持及参与起草国家标准 38 项。目前，公司规模逐步扩大，已具备 3 亿盏 LED 光源和 8000 万套 LED 灯具的年生产能力，在国内浙江、福建、江西、安徽等地均建有基地。未来几年公司将通过产品设计、工艺设计、设备设计的综合优势，尽快建立有阳光特色的自动化生产能力，提高效率，降低成本。

第三节 环保产业

在国家宏观政策与市场环境双重因素作用下，我国环保产业保持快速增长态势。随着国家针对大气、水、土壤污染防治工作的部署与开展，进一步驱动着我国环保产业向更加细化和深入的方向发展。

一、发展特点

（一）产业规模不断扩大，产业集中度逐步提高

我国环保产业保持快速发展。环保产业产值实现 1.5 万亿元。其中，环保装备制造业产值达到 5556 亿元，出口额 162.6 亿元；环境服务业产值近 9500 亿元，在环保产业总产值中占比超过 60%。环保企业数量已突破 5 万家，从业人数达到 300 万人。我国环保产业初步形成"一带一轴"的总体分布特征，即以环渤海、长三角、珠三角三大核心区域聚集发展的环保产业"沿海发展带"和东起上海沿长江至四川等中部省份的环保产业"沿江发展轴"。环保企业形态呈多样化态势。一批新企业、小企业迅速崛起，逐步由单一业务向多元业务发展；综合实力强大的国有集团加大环保支持力度，强势介入污染防治领域，企业兼并加剧，小而散的局面正在改变。

（二）技术装备水平显著提升

环保装备制造业在科技研发、新产品推广、重大装备制造及应用等领域取得重大进展。2011年版的《国家鼓励发展的重大环保装备目录》中列入研发类共72项，目前，均转入或合并到应用、推广类，及时应用于环境污染治理。此外，高端装备实现突破，不仅解决了多年制约产业发展的瓶颈问题，同时还带动了行业技术水平研发制造能力的提高，甚至达到国际领先。如：1000MW燃煤机组电袋复合除尘器、15万吨/日处理规模的膜生物反应器、600吨/日生活垃圾焚烧炉等先进、高效的重大环保技术转化成产能，并成为行业的优势产品。环保装备制造业保持快速增长。2016年，我国环保专用装备产量81.9万台套，同比增长超过25%，产业增速在129个机械制造细分行业中排名第5位；主营业务收入近3000亿元，同比增长7.9%；行业利润总额达到200多亿元，同比增长超过9.0%；环保装备进出口总额217亿元，顺差9.5亿元。

（三）环境服务业迅猛增长

目前，我国城镇污水日处理能力由2010年的1.25亿吨增加到1.82亿吨。安装脱硫、脱硝设施的煤电机组、钢铁烧结机、新型干法水泥生产线等均大幅增加。生活垃圾处理能力达到35万吨/日，无害化处理率不低于80%；垃圾焚烧处理率应不低于50%，中西部地区垃圾焚烧处理率不低于25%。我国危废处置设施的处置能力由2011年的750万吨提高至2015年的1850万吨，年增长率25.4%。

二、技术装备

（一）水污染防治领域

工业废水处理新技术已得到推广应用，FMBR膜生物技术、厌氧生物滤池和厌氧膨胀床等技术已达到国际先进水平。潜水污水泵、新型曝气设备、污泥处理处置等专用设备的质量也有所提高。膜处理关键环节的材料、产品、技术研发取得了突破性成果。水处理先进技术装备得到了广泛应用。重点工业行业水处理臭氧氧化技术、复合成套装置等新技术、新装备得到推广应用。

（二）大气污染防治领域

低温电除尘、低低温电除尘、高频脉冲电源及控制等电除尘新技术不断涌现，并得到广泛推广应用。袋式除尘器已成为我国大气污染控制，特别是PM2.5排放控制的主流除尘设备。目前，我国袋式除尘单机最大设计处理风量已提高到250万立方米/小时，出口浓度可达到10毫克/立方米以下。此外，重点行业VOCs治理技术得到了快速的发展。VOCs的吸附、焚烧、催化和生物处理等技术得到了延伸和拓展；低温等离子体技术、光解技术、光催化技术等一批新技术不断涌现。

（三）固体废物与土壤污染防治领域

目前，我国已经掌握了化学法、固化法、高温蒸煮、焚烧及安全填埋等有效的处理处置手段。含重金属、二噁英的焚烧飞灰水泥窑煅烧资源化技术具备推广前景。其他餐厨垃圾处理、废油资源化技术也取得了进展。土壤污染防治市场在"十二五"期间得到培育，政策环境初步具备，城市污染场地修复市场快速启动，成为新的投资热点。场地修复技术相对世界广泛应用的技术种类而言数量相对较少，受研发成本以及修复成本的制约，工程规模尚小。

（四）噪声控制与环境监测领域

目前，我国工业领域噪声与振动控制技术主要集中在电力行业发电厂与输变电系统的噪声与振动控制，冶金、建材、化工行业的噪声与振动控制，建筑声学处理与噪声控制以及新型声学材料的研究开发等方面。环境监测技术总体上发展较快、潜力较大。与国外先进水平的差距在逐渐缩小，尤其在光谱类环境监测技术与仪器方面。但国产的环境监测仪器和设备中还存在着自动化程度较低、部分关键元器件仍依赖进口等问题；环境监测技术在数据可靠性、特殊污染物监测手段等方面仍有发展空间。

三、典型企业

（一）津膜科技

天津膜天膜科技股份有限公司（津膜科技：300334）作为膜行业的技术

引领者，主要从事超、微滤膜及膜组件的研发、生产和销售，并以此为基础向客户提供专业膜法水资源化整体解决方案，包括技术方案设计、工艺设计与实施、膜单元装备集成及系统集成、运营技术支持与售后服务等。生产、销售中空纤维膜、膜组件、膜分离设备、水处理设备及相关产品。

1. 经营状况

2016年，公司努力提升工程开拓和实施能力，积极创新商业模式，着力开展新产品研发，并结合项目的落地，逐步推广应用。公司生产线自动化改造取得重要进展，生产产量增加。公司内部管理更加科学，较好地实现了营业收入的持续增长。2016年，公司实现营业收入7.49亿元，同比增长23.91%；实现利润总额5493.5万元，同比降低3.94%；实现归属于母公司所有者的净利润4739.6万元，同比降低10.39%。

2. 主营业务

在销售膜产品方面，公司主要销售膜组件产品并提供膜工程解决方案。膜工程业务经营模式主要指为客户建设膜法污水处理解决方案、供水系统或其他再生水系统以及更换其他解决方案提供商的膜法解决方案，包括工程设计、膜组件制造、材料及设备采购、膜单元装备集成（包括非标设备制造及安装劳务）、系统集成（主要为安装劳务）、调试、试运行和验收等环节，一般是以EPC等方式开展的总承包、分包模式。

在污水处理技术服务方面，公司及其控股子公司对外提供污水处理技术咨询和运营服务的模式。公司提供的运营服务模式主要是相关政府机构、市政单位或相关企业采取BOO或BOT模式，将污水处理流程整体外包给专业化运营服务商，客户在项目建设期不需要建设、采购污水处理设施、设备，不需要一次性向运营服务商支付大笔费用，而是在运营期根据处理的污水量及达标情况向运营服务提供商定期支付污水处理费。公司作为运营服务商，则负责设计、融资、建设并运营相关的污水处理工程项目。公司在项目建成后的一定期限内对项目享有特许经营权，并定期获得客户按照特许经营协议约定支付的污水处理费。

3. 竞争力分析

公司围绕超/微滤膜材料、膜组件和成套装备、集成技术、应用工艺等方向，加大研发力度，提供技术水平。目前，公司已拥有国家专利40多项，包括 27 项发明专利、8 项实用新型专利和 8 项外观型专利。并开展院士专家工作站建设，通过上市公司资本平台、国家重点实验室等平台整合资源、集成技术、聚拢人才。公司拥有丰富的项目实施及管理经验，通过 PPP、BOO、BOT、EPC 等模式在市政、工业等领域承揽大型水资源化项目。

（二）龙净环保

福建龙净环保股份有限公司（龙净环保：600388）专注于大气污染控制领域环保产品的研究、开发、设计、制造、安装、调试、运营，主营产品涉及除尘、脱硫、脱硝、物料环保输送、电控设备等 5 方面，在国内率先提出"烟气治理岛治理模式"。产品技术达到国际先进水平，部分产品技术达到国际领先水平，广泛应用于电力、建材、冶金、化工和轻工等行业。公司产品全部以销定产，多数按照设计、制造、安装、调试、验收流程交付客户运行并按收款进度安排生产。近年来，公司积极拓展了环保工程 BOT、海外工程总包、环保设施运营、催化剂再生等新业务。

1. 经营状况

在国家宏观政策环境推动下，公司主营业务出现供不应求局面。2014 年 9 月 12 日，发改委联合环境保护部和国家能源局印发《煤电节能减排升级与改造行动计划（2014—2020 年）》（发改能源〔2014〕2093 号）拉开了全国煤电企业新一轮节能减排升级与改造的序幕。截至 2015 年底，公司总资产为 135.15 亿元，比上年末增长 18.12%；归属于本公司股东的净资产为 35.65 亿元，比上年末增加 13.33%。其中境外资产 2.85 亿元，占总资产的比例为 2.11%。2016 年上半年，公司实现营业收入 29.30 亿元，较上年同期增长 18.78%。

2. 主营业务

在电除尘器与电袋复合除尘器方面：电除尘器市场占有率居全国第一，在国际同行中技术种类最全、产品最丰富。承担国家 863 计划，成功开发具有自主知识产权的燃煤电厂湿式电除尘技术。国内首家成功开发余热利用低低温电除尘技术。国内首创的大功率高频电源和脉冲电源，打破国外同行技术垄断，替代进口。湿式电除尘和低低温电除尘技术大型化应用业绩居行业第一，多个项目成功实现超低排放。自主开发的电袋复合除尘技术打破了我国除尘技术依赖引进的状态，使我国在该领域处于世界领先水平。拥有全球全部 1000MW 特大型发电机组电袋复合除尘技术应用的业绩，产品的配套总装机容量和单机容量均处于世界第一。

在烟气脱硫方面：干法脱硫技术成功地为燃煤电力、热电锅炉、钢铁烧结、玻璃窑炉、炭黑烟气、垃圾焚烧等行业用户提供了二百余套各类型 LJ 系列烟气循环流化床干法高效脱硫除尘一体化装置（位居世界第一），连续创造 300MW、660MW 发电机组应用的新世界纪录。宝钢 600m² 烧结机项目实现世界最大钢铁烧结烟气干法脱硫项目的突破。湿法脱硫技术成功应用于包括多个 1000MW 发电机组在内的近百个项目，并推广至冶金脱硫领域。自主研发成功钙基强碱湿法脱硫技术、单塔双区和单塔四区高效脱硫除尘技术。自主研发的 LK－DSZT 电石渣（石灰）湿法烟气脱硫装置通过国家相关部门的新产品鉴定，综合性能达到国际先进水平。

在烟气脱硝方面，公司是国内最早掌握燃煤电厂烟气脱硝技术的企业之一，承接的亚运会工程——广东珠江电厂 4×300MW 发电机组脱硝项目，创造了业内建设最快纪录。在国内率先自主研发成功水泥行业 SNCR 脱硝技术。与国际领先的美国公司合作，在国内率先开展脱硝催化剂再生业务。

此外，在物料环保输送方面，引进澳大利亚和日本的物料输送专家、建立先进的气力输送测试实验线，开发了先进的料性法系统设计技术和独特的仓泵流化及出料控制技术。开发的气力输送及管式皮带输送产品广泛应用于电力、冶金、化工、建材等行业。

3. 竞争力分析

公司产品在电力、建材、冶金、化工、轻工等众多行业中得到广泛应用，销往全国各地，并出口日本、俄罗斯、巴西、泰国、菲律宾、印度尼西亚等四十多个国家和地区。在上海、西安、武汉、天津、宿迁、盐城、新疆、厦门等多个城市建设了研发和生产基地，实现国内的全面布局，并通过规模化经营实现低成本制造优势。公司以"以人为本"为企业文化核心，培养了一批骨干人才，打造了一支拥有包括享受国务院特殊津贴专家、教授级高级工程师和外籍博士在内的人才队伍。公司已实施的核心骨干股权激励计划、正在实施的为期十年的员工持股计划，将人才个人利益与公司利益紧密相连，为公司发展注入长效动力。公司设立实验研究中心、除尘设备设计研究院、脱硫脱硝设计研究院、电控设备设计研究院等研发部门，配备一批国内领先的除尘、脱硫、脱硝、物料输送产品试验、检测及设计仿真装置，专业开展各种大气污染控制技术试验研究和产品开发，为公司产品与技术的不断创新提供强力支撑。

（三）先河环保

河北先河环保科技股份有限公司（先河环保：300137）是国内高端环境监测仪器仪表领军企业，也是我国环境监测仪器行业首家上市公司。主营业务涵盖大气监测预警技术与设备、地表水质监测技术与设备、地下水水质监测技术与设备、饮用水安全监测预警技术与设备、酸雨在线监测技术与设备、污染源在线监测技术与设备、应急监测及决策指挥系统等环境监测解决方案、运营服务等领域。

1. 经营状况

2016 年，公司"双轮驱动"战略全面发力，实现营业收入 7.90 亿元，较上年同期增长 24.6%；实现营业利润 1.13 亿元，较上年同期增长 22.4%；实现归属于上市公司股东的净利润 1.05 亿元，较上年同期增长 28.8%。截至 2016 年底，公司资产总额达到 17.85 亿元，归属于上市公司股东的净资产 14.50 亿元，分别较上年末增长 8.93%、5.17%。

2. 主营业务

2016 年，公司推出基于空气质量监测的大气污染防治网格化精准监控及决策支持平台，支撑了 20 余个城市，超过 2000 个监测点的监测数据实时展示、查询及数据分析，通过权限及细分模块配置实现不同用户功能不同展现形式。此平台通过传感器监测网络，用户可更好地了解区域污染实时分布，记录完整的污染事件，不同区域污染真实情况，为减排和应急处置提供数据支持。平台通过自动统计每一次污染事件，预判并跟踪该事件对城市空气质量造成的影响，从而为政府高效精准地治霾提供科学决策依据，实现了云智能环保业务模式的创新，推动环保数据对改善国计民生的价值提升。在水质监测方面，可实现常规五参数、氨氮、高锰酸盐、总磷、总氮等参数的自动监测。

3. 竞争力分析

先河环保在大气网格化监控、常规空气监测市场保持较高市场份额。公司会进一步加强网格化监控、超级站、运营与服务、VOCs 综合治理及第三方检测的核心竞争力，提升网格化、重金属、OC/EC、浊度仪、VOCs 及相关软件、硬件产品等产品协同组合能力，进一步提升公司自主设备在市场上的占有率和竞争力。在 VOC 治理方面，先河环保还将扩充和完善大气 VOCs 在线监测、治理以及过程监控及预警等技术开发工作，打造 VOCs 污染防治一站式管理平台，以更好地服务环保管理部门。下一步，公司将推出水质网格化监测解决方案：利用公司现有的原位监测技术及国内外先进的电极技术，搭建小型、微型水质自动监测系统，并结合公司空气网格化监测平台的优势，建立水质网格化监测试点，完成公司应对"水十条"在水质监测市场的战略布局。

第四节　资源循环利用产业

资源循环利用产业是节能环保产业的重点领域之一，重点包括矿产资源综合利用、固体废物综合利用、再制造、再生资源利用等细分领域。2016 年，随着国家促进资源综合利用发展各项相关政策的出台和落实，我国资源循环利用产业平稳较快发展，利用规模稳步增长，利用水平不断提升。

一、资源循环利用产业发展基本情况

循环利用规模持续扩大。大宗工业固废综合利用方面，"十二五"期间，我国共产生大宗工业固体废物约 180 亿吨，综合利用约 81 亿吨。其中，2015 年综合利用量为 17.9 亿吨，据预算，2016 年，大宗工业固废综合利用量依然较大；再生资源方面，根据商务部发布的《中国再生资源回收行业发展报告 2016》，截至 2015 年底，我国废钢铁、废有色金属、废塑料、废轮胎、废纸、废弃电器电子产品、报废汽车、报废船舶、废玻璃、废电池等十大类别的再生资源回收总量约为 2.46 亿吨，2015 年，我国十大品种再生资源回收总值为 5149.4 亿元，受主要品种价格持续走低影响，同比下降 20.1%；再制造方面，我国再制造试点企业已有 77 家，再制造产品目录已涵盖工程机械、电动

机、办公设备、石油机械、机床、矿山机械、内燃机、轨道车辆、汽车零部件等9大类97种产品，截至2015年，我国再制造产业规模达到800亿元。2016年，再制造在工程机械、机床、内燃机、汽车再制造等重点领域发展呈现出良好态势。

资源循环利用政策持续利好。2016年是"十三五"规划开局之年，国家大力倡导"创新、协调、绿色、开放、共享"五大发展理念，修订后的《环境保护法》进一步强化了环境保护的战略地位，资源循环利用产业也将迎来历史性的发展空间；《工业绿色发展规划（2016—2020）》《"十三五"国家战略性新兴产业发展规划》以及《"十三五"节能环保产业发展规划》等一系列重要文件的发布，为资源循环利用产业指明了发展的方向和重点。据测算，"十三五"我国环保投资将达17万亿元，资源循环利用产业迎来黄金发展时机，有望成为拉动经济增长的重要支柱。

"互联网"思维日益渗透。近年来，"互联网"思维一直是公众关注的热点，已经渗透到各行各业。再生资源回收产业是资源循环利用产业中与"互联网"思维结合最紧密的领域。通过引进互联网技术对传统再生资源回收产业进行改造升级，可以大大提高回收效率。多个龙头企业纷纷尝试引进互联网技术建立在线交易平台，例如，格林美旗下的回收哥、启迪桑德旗下的易再生网、北京华京源主办的绿宝网、广州炬胶主办的淘塑网等等。2016年，"网联网＋回收"继续发展，并不断涌现新模式。

二、资源循环利用上市公司

2016年，资源循环利用上市公司表现良好，盈利能力持续增强，业务范围沿横向和纵向两方面扩展，更注重优势领域的精耕细作，也更注重向环境综合服务商方向转变。龙头企业的竞争优势、技术优势进一步显现。

（一）格林美

格林美，总部设在深圳，全称是格林美股份有限公司。公司以"资源有限、循环无限"为发展理念，以"消除污染，再造资源！"为企业文化。主营业务范围涵盖电子废弃物资源化、废旧电池回收利用、报废汽车拆解等领域，是我国在"城市矿产"开发利用领域的领先企业之一。

1. 公司经营情况

2016年前三季度，公司实现营业收入51.78亿元，比2015年同期增长60.93%；实现净利润1.98亿元，比2015年同期增长5.02%。

2. 业务拓展情况

进一步拓展海外市场。2016年2月，格林美收到商务部下发的《商务部关于认定中国中元国际工程有限公司等单位对外援助项目实施企业资格的批件》，以环保领域第一名的成绩取得对外援助成套项目管理企业的资格。该资格的取得为格林美争取到服务我国"一带一路"倡议，参与"一带一路"环保项目建设的机会，有利于企业扩大"一带一路"环保产业市场份额，增强企业全球竞争力。

进一步加强电子废弃物产业链深度利用。格林美控股子公司扬州宁达贵金属有限公司与扬州市江都区宜陵镇人民政府签署战略合作框架协议，在宜陵镇增资5亿元，建设我国第一条工业4.0废弃液晶面板资源化项目，率先掌握液晶面板处理技术使得格林美获得电子废弃物处理产业的转型升级先机，有利于公司提升电子废弃物处理产业链盈利竞争力。

新增正极材料生产线。2016年，格林美在无锡产业园新上5000吨正极材料生产线，主营业务为废弃钴镍资源与电子废弃物的循环利用以及钴镍粉体材料，并且兼有铜钨电池原料、塑木型材的生产与销售。该生产线已经经过安装调试，在年底已经开始投产运营。

布局湖南，发展以废塑料为主的循环经济。2016年9月，格林美（武汉）城市矿产循环产业园开发有限公司与湖南映宏新材料股份有限公司及新化县人民政府签署《关于湖南格林美映宏循环产业园项目战略合作协议》，三方合作在湖南新化进行资本、技术与市场的战略合作，发展以废塑料为主体的循环经济。

3. 公司未来发展方向

一是加强互联网技术的应用，建设业务信息服务平台。进一步集合行业优势资源，为"互联网＋分类回收"模式提供技术支撑，打造"互联网＋分类回收＋环卫清运＋城市废物处理"全流程产业链；二是部署新能源汽车绿色供应链。格林美已经制定了打造具有全球竞争力的新能源汽车商用化价值链的目标，计划以湖北为基地，建立新能源汽车供应价值链联盟，格林美的业务核心在发展动力电池材料以及报废汽车与动力电池回收利用上，共同探索"共建价值链，共享竞争力"的商业模式。

（二）启迪桑德

启迪桑德，全称启迪桑德环境资源股份有限公司，是一家长期致力于废物资源化的上市公司。已经拥有22年的发展历史，在全国拥有超过2万多名员工，迄今为止承担国内外环境项目1000余个，业务遍及全国32个省市地区。目前在A股上市（股票代码：000826），是国家级高新技术企业，掌握着城市生活垃圾、城市污泥、工业固废、医疗垃圾和电子垃圾处置的最前沿技术，拥有几十项专利。特别是在城市生活垃圾处理方面，走出了一条具有中国特色的固废处理之路。

1. 经营情况

2016年前三季度，公司实现营业收入53.52亿元，比2015年同期增长28.7%；实现净利润7.16亿元，比2015年同期增长16.09%；实现基本每股收益0.84元，比2015年同期增长15.07%。

2. 业务拓展情况

保持水务领域优势地位，拓展污泥处理业务。在水处理领域，启迪桑德很早就看到了污泥处理市场巨大，并着手布局污泥处理业务，研发污泥处理先进技术，2016年，"电渗透污泥高干脱水设备"通过科技成果专项评估，达到国际先进水平，具有工艺简单、投资少、占地少、能耗低、操作简单等多个优点，是一种新型污泥半干化设备，具有广阔的推广应用前景。

通过并购，布局废旧电子产品处理业务。2016年，启迪桑德下属的全资子公司桑德（天津）再生资源投资控股有限公司以3.8亿元收购了东江环保所持的湖北东江100%股权以及清远东江100%股权，湖北东江核定废旧电子产品处理能力146万台/年。另外一起并购，启迪桑德全资子公司天津再生、北京新易资源科技有限公司以3.2亿收购厦门绿洲废弃电器电子产品处理及"城市矿产"项目，两起并购，震动固废行业格局。启迪桑德通过一系列并购，迅速布局再生资源回收利用领域，加快了公司在该领域的业务发展，提高了公司在该领域的市场份额。

环卫业务继续保持快速增长。公司通过精心构建的环卫云平台，实现环卫业务与互联网、物联网及云计算等技术结合，促进传统业务转型升级，通过环卫一体化业务渗透整个垃圾收运环节，将垃圾收运业务与再生资源回收业务融合发展，固废、环卫、再生资源业务协同效应初显。

3. 公司未来发展方向

一是致力于从固废投资运营商向综合化环境服务商转型。公司的主营业务布局已经从传统的固废处理、水务板块延伸至城市环卫以及再生资源领域，公司营业收入增长势头强劲，2015 年，运营收入就已经占据了总收入的半壁江山，公司已经完成从工程到运营为主的实质转变；二是继续依托桑德环卫云平台，开启物流、回收、广告、交易、运营五大业务板块。目前，公司从事再生资源类企业共有 18 家，家电拆解业务已初具规模。线上推出 O2O 易再生网，并发布桑德环卫云平台，公司将继续通过资本运作，积极拓展互联网 + 新环卫、再生资源回收利用领域。三是固废、环卫、再生资源三板块齐头并进。未来公司的固废及环卫业务还将保持快速增长，运营收入占比越来越高。特别是，2016 年清华系大手笔参与定增，非公开募资 95 亿元，加速布局千亿环卫市场。

（三）东江环保

东江环保股份有限公司创立于 1999 年，是深港两地上市公司，致力于工业和市政废物的资源化与无害化处理，配套水治理、环境工程、环境监测及 PPP 等业务。是我国固废处理领域的行业领跑者，先后被评定为国家环保骨干企业、国家高新技术企业、"国家首批循环经济试点单位"等。2016 年，广东省广晟资产经营有限公司成为公司控股股东，东江环保进一步拥有了国企在资金、人才及政府资源等方面的优势，将进入新的发展阶段。

1. 经营情况

2016 年前三季度，公司实现营业收入 18.65 亿元，与 2015 年同期相比增长 6.57%；实现净利润 3.80 亿元，与 2015 年同期相比增长 43.85%；基本每股收益 0.44 元，与 2015 年同期相比增长 41.94%。

2. 业务拓展情况

集中优势资源发展危废主业。2016 年，东江环保持续加大业务优化整合力度，集中优势资源发展危废处置，在公司内部已有的危废项目逐步扩建投产，在公司外部，不断进行兼并收购，重点拓展江浙及华北、华中区域，深化长三角地区工业危废产业布局，提高华东区业务协同效应。

剥离电子废弃物处理业务。2016年，东江环保发布多条公告，将旗下协同性相对较弱的电子废弃物处理业务进行剥离。与桑德（天津）再生资源投资控股有限公司等签订协议，转让湖北东江环保有限公司以及清远东江环保技术有限公司；以整体估值3.2亿元的价格，转让厦门绿洲旗下废弃电器电子产品处理及"城市矿产"项目有关业务。通过出售协同性较弱、竞争优势不明显的废弃电器电子拆解业务，集中公司资源做强做大优势核心业务。

中标国内首个危废处置PPP项目，积极探索危废处理新模式。2016年，东江环保与兴业皮革科技股份有限公司组成的联合体中标泉州市工业废物综合处置中心PPP项目，模式为BOT，特许经营30年。首个危废PPP项目中标意义重大，预示着PPP趋势下危废处理更多存量市场空间打开。

3. 公司未来发展方向

一是聚焦危废处理主业。随着环保政策的不断出台以及环境监管越来越严，工业危废处置特别是危废无害化处理需求缺口巨大，东江环保将抓住这一黄金发展机会，持续优化业务结构，增强危废处理业务盈利水平和能力。二是布局互联，协同发展。东江环保在未来将继续加强对65环境网的投入，加大与电商平台的合作，比如中国环保在线等，创新业务模式，加强数据收集分析，不断提升业务水平。

行业篇

第四章 2016年钢铁行业节能减排进展

钢铁行业既是资源、能源密集型产业,也是技术密集型产业,生产规模巨大,工艺流程很长,是我国工业产业中能源资源消耗大户和污染物排放大户,钢铁行业能源消耗量占全国能耗总量将近百分之二十。钢铁行业的节能减排是工业整体节能减排的重要内容。2016年,粗钢产量高达8.08亿吨,同比增长1.2%。市场需求开始缓慢回升,亏损局面得到扭转,全行业实现盈利。受国内钢材价格回升和国际贸易保护主义影响,全年钢铁出口呈现前高后低。高端产品研发生产有新突破。去产能任务超额完成,主要能耗指标持续下降,行业主要污染物排放量持续降低,用水效率进一步提高,资源能源利用水平进一步提高。首钢集团和沙钢集团两家典型企业的节能减排成效突出。

第一节 总体情况

一、行业发展情况

2016年,我国粗钢产量为8.08亿吨(月产量见表4-1),同比增长1.2%,与2015年相比,增长幅度不大;生铁产量7亿吨,同比增长0.7%;钢材(含重复材)产量11.4亿吨,同比增长2.3%。

表 4 – 1　2016 年 1—12 月粗钢产量与增速

	1—2 月	3 月	4 月	5 月	6 月	7 月	8 月	9 月	10 月	11 月	12 月
产量（万吨）	12106.9	7065.3	6942.1	7050.4	6946.9	6680.7	6857.1	6817	6850.8	6630	6722
增速（%）	– 7.2	1.7	0.7	0.8	0.8	8.9	2.4	3.1	3.6	5	3.2

资料来源：国家统计局，2017 年 1 月。

与“十二五”时期相比，2016 年粗钢产量虽低于 2014 年的峰值 8.22 亿吨，但仍然保持了较大的产量规模。2005 年以来，我国粗钢产量变化情况如图 4 –1 所示。

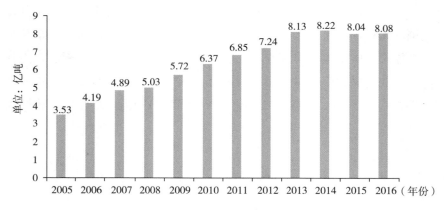

图 4 – 1　2005—2016 年我国粗钢产量

资料来源：国家统计局，2017 年 1 月。

2016 年，市场需求缓慢回升。根据国家统计局预测与判断，全国粗钢表观消费量为 7.09 亿吨，同比增长 2%，2016 年该指标比 2015 年略有增长。受市场需求好转、钢材库存低等多种因素影响，2016 年，国内钢材市场价格有所波动回升，钢材综合价格指数同比上升 60.85%。1—11 月，我国钢材价格指数平均值为 72.16 点，同比上升 3.94 点。在市场好转以及企业采取各种措施提质增效的影响下，2016 年，钢铁行业扭转了严重的亏损局面，全行业实现盈利。根据中国钢铁工业协会统计数据，1—11 月，全行业实现利润总额 331.5 亿元，而 2015 年 1—11 月亏损 529 亿元，利润差距 800 多亿元，彻底实现扭亏为盈。

2016年，我国出口钢材1.08亿吨，与2015年同期相比下降3.5个百分点；进口钢材1202万吨，净出口量折合粗钢9196万吨，同比下降1.7%。从全年来看，我国钢铁出口前高后低，主要是由国内钢材价格回升和国际贸易保护主义所导致。2016年，我国进口铁矿石10.24亿吨，同比增长7.5%。但铁矿石进口均价同比下降0.5%。

高端产品研发生产取得新突破。高铁轮轴国产化技术方面，时速350公里高速动车组轮、轴材料顺利完成60万公里运行考核，通过了转产评审，进入到生产订货阶段。大型水电站压力钢管用钢生产技术有新突破，我国自主研制开发成功高强度易焊接特厚钢板与配套焊材焊接技术。自主研制成功大型轻量化液压支架，满足了液压支架向轻量化、大采高、大阻力发展要求，整体实现减重14%。双相不锈钢板突破宽幅极限，生产技术显著提升，是我国在核电关键设备与材料国产化、自主化方面的重大突破。轻量化汽车用高强度钢在载货车轻量化设计、车辆成型加工、稳定控制等方面取得重大突破。我国采用连铸工艺生产出高质量凸轮、齿条、曲轴等汽车用钢产品；自主研发的250毫米厚度EH36钢板已经成功应用于我国"海洋石油162"首座移动式试采平台。龙凤山铸业在原有高纯生铁技术的基础上成功研发出应用于核电、风电、高速列车等高端铸件的超高纯生铁，为我国装备制造业提供更优质的原材料。深入推进卓越绩效管理，兴澄特钢获得"全球卓越绩效奖"，马钢股份获得第十六届全国质量奖。

二、行业节能减排主要特点

（一）去产能任务超额完成

2016年2月，国务院发布《关于钢铁行业化解过剩产能实现脱困发展的意见》，明确提出，从2016年开始，用5年时间再压减粗钢产能1亿—1.5亿吨。2016年钢铁行业去产能结果远超预期目标，据中国联合钢铁网统计，2016年26省市共压减粗钢产能8800万吨，加上央企去产能数量，远超过预定目标4500万吨。

（二）主要能耗指标持续下降

2016 年，我国钢产量同比增长 1.2%，增速略有下降。对应钢产量略有上升，行业减排水平基本保持稳定，综合能耗指标同比略有上升。2016 年，我国钢铁行业吨钢综合能耗指标有所上升。据中国钢铁工业协会统计，钢铁行业会员企业总能耗比 2015 年上升 1.11 个百分点；我国钢铁行业累计总能耗同比上升 2.08 个百分点；吨钢可比能耗同比下降 0.57%，吨钢耗电同比下降 1.32 个百分点。可见，2016 年，钢铁行业能源消费总量上升主要是来源于中国钢铁工业协会重点统计企业能源消费量的上升。

主要工序能耗指标继续下降。2016 年与上年同期相比，球团工序能耗下降 1.87%，转炉炼钢工序能耗下降 14.12%，焦化工序能耗下降 2.78%，电炉炼钢工序能耗下降 12.77%，钢加工工序能耗下降 3.54%。

钢加工工序能耗同比下降。2016 年，钢铁行业热轧工序能耗减少 3.86%，其中，大型材轧机能耗同比下降 8.81%，中型材轧机能耗同比下降 2.56%，小型材轧机能耗同比下降 7.10%，线材扎机能耗同比下降 2.94%，中厚板扎机能耗同比下降 5.50%，热轧宽带扎机能耗同比下降 2.01%，热轧窄带钢工序能耗同比下降 13.04%，热轧无缝管扎机能耗同比下降 3.81%。在冷轧工序中，冷轧宽带扎机能耗同比下降 2.20%，涂层工序能耗同比下降 13.81%。

（三）行业主要污染物排放量持续降低

2016 年，钢铁行业外排废水及其中的主要污染物排放量都呈下降趋势。据中国钢铁工业协会统计，钢协会员企业外排废水与 2015 年同期相比略有下降。外排废水中化学需氧量排放量与 2015 年同期相比下降 17% 以上，氨氮排放量比 2015 年同期排放量下降 4.04%，总氰化物排放量与 2015 年同期相比大幅下降，下降幅度在 32% 以上。悬浮物排放量同比下降 16.61%，石油类排放量同比减少 12 个百分点以上。

2016 年，钢铁行业外排废气中主要污染物排放量也都有所下降。外排废气中二氧化硫累计排放量较上年同期下降 20% 以上，烟粉尘累计排放量较上年同期同比减少 12% 左右。

（四）用水效率进一步提高

2016 年，钢铁行业用水效率进一步提高，用水总量、累计取新水量指标都有所下降，水重复利用率指标有所提高。据中国钢铁工业协会统计，钢铁协会会员企业累计用水总量同比减少 4.16%，其中，累计取新水量与 2015 年同期相比减少 5 个百分点左右，累计重复用水量同比减少 4.14%，水重复利用率比 2015 年同期提高 0.02%，吨钢耗新水量同比下降 3.94%。

（五）资源能源利用水平进一步提高

2016 年，钢铁行业企业固体废物综合利用保持较高水平，可燃气体利用水平进一步提升。会员企业累计钢渣产生量同比减少 0.75%；高炉渣累计产生量同比增长 1.88%；含铁尘泥累计产生量同比下降 1.33 个百分点。钢渣利用率比 2015 年同期提高 1.63%；高炉渣利用率比 2015 年同期下降 0.06%；含铁尘泥综合利用率比 2015 年同期下降 0.31%。

根据中国钢铁工业协会数据，2016 年，统计的钢协会员企业高炉煤气累计产生量同比减少 1.66%；转炉煤气累计产生量同比增加 1.27%；焦炉煤气累计产生量同比减少 3.82%。高炉煤气利用率比上年同期提高 1.06 个百分点；转炉煤气利用率比上年同期提高 0.38%；焦炉煤气利用率比上年同期下降 0.11%。

第二节　典型企业节能减排动态

一、首钢集团

（一）公司概况

首钢集团，总部位于首都北京。始建于 1919 年，有将近百年的历史。为我国国民经济发展做出巨大贡献，与国民经济发展历史密切相关，经历了历史磨难、快速发展、改革开放、搬迁改造等历史阶段。目前，首钢集团已经发展成以钢铁为主业，兼营矿产资源、环境产业、装备与汽车零部件制造、生产性服务业、房地产业、海外投资等跨行业、跨地区、跨所有制、跨国经营的大型企业集团，全资、控股、参股企业500多家，员工近10万名。

2016年，首钢集团实现营业收入约1352亿元，同比下降27.5%；2016年亏损约20亿元，资产总额约4229亿元。在2016年度世界500强中位列第489名，比2015年名次有所下降。

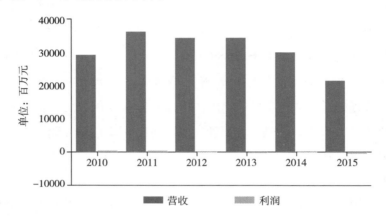

图4-2 2010—2015年首钢集团营业收入与利润

资料来源：《财富》杂志，世界500强企业。

与同行龙头企业相比，在世界500强中，排名第一的钢铁企业是卢森堡的安赛乐米塔尔，2016年营业收入为3995亿元，员工超过20万名，位列500强第123位；排名第二的是韩国浦项制铁公司，2016年营业收入为3252亿元，员工3.4万名，位列500强第173位。

自2012年以来，首钢进入转型发展阶段，高度重视节能减排工作，促进企业绿色转型发展，在做优做强钢铁主业的同时，协同发展环保产业。首钢搬迁以后，不仅在推动京津冀协同发展中发挥了示范带动作用，在区域环境治理上也有很多有效的尝试。旨在将首钢北京园区建设成为国际一流和谐宜居示范区，同时履行国有企业社会责任，做新型城市综合服务商。

（二）主要做法与经验

不断深化能源管理工作。首钢集团以科学、经济用能理念为引领，不断完善管理制度，提升能源系统运行效率，推进降本增效。通过加强对用户电网峰谷购电价差、用电负荷等因素的管理与预测，积极落实移峰填谷等措施，采用六西格玛先进管理模式，结合检修计划，生产组织情况制定更高效的用电方案。

进一步夯实能源管理基础、提升专业管理水平。一是夯实能源管理基础。实时掌握主工序生产工艺用能情况、能源生产供应情况，针对实际情况和问题，深化专业管理，建立健全管理制度体系；二是继续推进能源管理体系标准化建设工作，并开展审计工作，促进各单位能源绩效机制的改善与运行；三是持续开展对标交流，进一步挖掘节能潜力。学习总结行业先进单位经验，建立定期对标工作机制，发现差距与问题，制定措施，不断挖掘节能潜力；四是与专业人士开展节能新机制及节能技术交流，邀请节能方面专家及专业节能服务公司诊断问题，提升集团内部各单位之间节能技术与管理机制协同共享能力。

通过不断推进节能技术进步提高能源利用效率与效益。以深入开展工序节能改造和低品质余热回收利用为抓手，积极推进节能项目实施。为更好创造新的经济增长点，京唐公司积极开展多元化的能源产品市场化营销，延伸钢铁业能源产业链，为周边区域提供电、热、气、水等优质、高效的能源供应服务。

加强北京园区能源管理工作。为确保园区内能源系统的安全、稳定和有序供应，着重解决当前能源系统点多、面长、线广带来的系统风险及部分能源设施老旧等问题，管理部门不定期组织保供会议，及时协调解决问题；在维持现有能源系统稳定运行基础上，进一步优化整合供热系统，根据办公分布情况，同比减少2.7万平方米采暖面积，有效降低了能源消耗；提升园区开发工程施工用能管理水平，采取用能手续事前审批把关、过程事中监管及事后优化完善措施，确保了科学合理用能。

加强用能管理协同。按照政府节能工作要求，积极推进各单位节能减碳工作，完善首钢集团能源"十三五"发展规划。由总公司安全环保部牵头，加强各单位用能管理协调，做好用能制度的顶层设计，明确管理职责，健全并完善集团能源管理体系，组织集团各单位进一步加强能源管控体系建设，持续夯实管理基础。带领引导各单位按照国家能源法规政策要求，完成现行规章制度的修订、完善和实施，实现良好的集团战略管控，推进系统化、精细化管理，不断提升能源利用效率和效益。

提升碳排放管理能力。开展碳排放权交易是企业节能减排的重要措施，通过摸清企业自身的碳排放情况，量化和报告企业的温室气体排放等环节，为企业开展节能减排工作奠定基础。首钢长期以来高度重视节能减排工作，围绕北京市开展的碳排放试点工作，重点抓好顶层设计，修订完善《首钢总公司碳排放权交易管理办法》，进一步规范管理体系和流程，提高市场响应速度。在加强能力建设上，积极搜集研究国家、北京市及行业碳交易相关政策文件、市场走势，并结合集团内部工作进展，编发内部通讯刊物，实现了集团信息共享，提升了企业碳资产理念。首钢专业部门积极指导报告单位、重点排放单位按时限完成年度排放报告报送及履约工作。与此同时，积极关注碳市场变化，做好预判，建立协同联动交易机制，全力协调各重点排放单位参与交易。

（三）节能减排投入与效果

节省电费。2015年，股份公司通过强化经济用电管理，共节省电费1225万元。首秦公司通过加强错峰用电管理，月减少电费支出10余万元。

能源利用效率和效益持续提升。2015年，集团上年钢铁板块投资18801万元，实施节能项目15个，实现节能9.275万吨标准煤，创造经济效益6400多万元。集团股份公司组织完成了25MW热电机组循环泵改造等节能项目，其中高炉冲渣水余热回收项目每年可节能3.312万吨标准煤，每年创造经济效益约800万元。

延伸用能产业链的效益初现。2015年，首秦公司利用130吨锅炉余热和高炉冲渣水余热为周边居民及社区供暖供热，实现创收360万元。

二、沙钢集团

（一）公司概况

沙钢集团，总部位于新兴港口城市张家港，东临上海，南靠苏州，西接常州，北依长江，不仅拥有10公里的沿江岸线，高速公路也是四通八达，区位优势得天独厚。目前，沙钢集团拥有总资产1500多亿元，职工3万余名。沙钢产品众多，已形成60多个系列，700多个品种，近2000个规格，主导产品为宽厚板、热轧卷板、冷轧卷板、高速线材、大盘卷线材、带肋钢筋、特钢大棒材等。年生产能力炼铁 3365 万吨，炼钢 4150 万吨，轧材 3865 万吨。先后荣获"全国用户满意企业""中国质量服务信誉 AAA 级企业""国家创新型企业""中国环境保护示范单位""江苏省高新技术企业""江苏省循环经济建设示范单位""江苏省信息化和工业化融合示范企业""中华慈善奖企业"等荣誉称号。

2016 年，沙钢集团实现销售收入 1983 亿元、利润 50.5 亿元。面对钢材市场动荡、原辅材料价格不断升高、增本减利因素越来越多的严峻考验，沙钢通过狠抓提高效率、降低成本、节约开支、挖潜增效、质量提升、高端产品开发等重点工作，在钢铁行业全面进入微利时期的背景下，连续 8 年盈利。

当前，随着工业 4.0 时代到来，沙钢加大资金投入，大力推进信息化与智能化，不断加强人才队伍建设，持续提高工艺技术、节能环保和现代管理等水平，力争在技术、管理水平及人均钢产量等重点指标方面进一步与世界先进接轨。

（二）主要做法与经验

科技创新打造绿色沙钢。依靠技术创新推进节能减排是沙钢的一个显著特色。沙钢在所有主要工艺上都竭尽全力进行绿色技术改造与创新，首先，焦化工序实行了全干熄焦，运行过程产生的蒸汽全部回收用于发电；其次，采用提高热风炉效率、富氧喷煤、提高风温、增加顶压等多项措施，改进高炉效率，实现炼铁工序能耗大幅下降，在中国，沙钢是首家采用铁水一罐到底工艺的钢铁生产企业，实现高炉与转炉无缝对接，通过采用该项技术每年节能约 20 多万吨标准煤。此外，沙钢还大力改造轧钢加热炉，实现轧钢燃料无油化。将集团原烧重油的 12 座轧钢加热炉全部改造为燃烧低热值高炉煤气的蓄热式加热炉。大大减少了重油的消耗量以及二氧化硫等污染物的排放。

大力发展短流程生产线。早在 30 年前，沙钢就成功引进处于当时国际先进水平的 75 吨电炉连铸连轧短流程生产线，当时在我国尚无先例，引进过程中，沙钢成立技术攻关小组，对引进生产线进行再创新，成为国内首家短流程生产线。此后，沙钢又引进了德国福克斯公司生产的 90 吨超高功率竖式电炉炼钢，连铸、连轧硬质高速线材生产线，同样走了"引进——消化吸收——改造创新"的技术路线，在实现大幅节能的同时，使沙钢成为国内电炉钢的龙头。

大力发展循环经济。自沙钢实施节能减排低碳发展战略以来，就高度重视发展循环经济。全面推进煤气、蒸汽、炉渣、焦化副产品和工业用水等五大循环利用工程。率先将钢铁制造流程由"资源——产品——废物"的单项直线型转变为"资源——产品——再生资源"的闭路循环型，实现钢铁企业不仅是钢铁产品的制造者，同时又是清洁能源的转换者和社会废弃物的消耗者，探索出了一条实施清洁生产，深化资源综合利用，发展循环经济的新模式和新机制。

重视细节改革，全员参与成效显著。沙钢推进节能减排的一个突出特色是鼓励全员参与，重视"小改小革"。在沙钢，每年都有很多员工参与到企业各个生产工序的技术改造工作中。一线员工充分发挥其熟悉生产设备的优势，不断提升设备的节能环保水平。每年沙钢的小改小革项目多达几百个，数千名员工为此受到奖励。

（三）节能减排投入与效果

沙钢集团有限公司、淮钢特钢公司、安阳永兴钢铁公司三家钢铁联合生产企业均通过了环境管理体系、能源管理体系认证，都建立了有效的三级环保管理组织网络，制定了经济责任制，落实了各级责任，有效保障了公司清洁生产、节能减排持续改进完善。

近几年来，沙钢在循环经济方面的投资高达40多亿元，每年通过循环经济带来30多亿元的收益，效果良好。通过节能减排，降本增效，2016年，沙钢实现每吨钢材生产成本降低144.33元，降本总额达到29.4亿元。

第五章 2016年石化行业节能减排进展

石油和化学工业是国民经济重要支柱产业和基础产业，石化行业资金、资源、技术密集，经济总量大，产品应用范围广，产业关联度高，在国民经济中占有十分重要的地位，目前我国已成为世界石油和化工产品生产和消费大国，成品油、乙烯、合成树脂、无机原料、化肥、农药等重要大宗产品产量位居世界前列，基本满足国民经济和社会发展需要。2016年石化行业主要产品继续保持增长，乙烯产量1781万吨，增长3.9%，行业效益好转，多数产品价格上涨；在节能减排方面行业落后产能淘汰工作进展顺利，产品结构进一步优化，主要工艺技术水平不断提升，产品能耗不断降低，行业节能管理不断加强。中国石油、中国化工在节能减排方面成效突出。

第一节 总体情况

一、行业发展情况

国务院办公厅2016年印发《关于石化产业调结构促转型增效益的指导意见》（国办发〔2016〕57号），提出了我国石化行业绿色发展的目标任务。工业和信息化部为贯彻落实《国民经济和社会发展第十三个五年规划纲要》《中国制造2025》和《国务院关于推进国际产能和装备制造合作的指导意见》，推动石化和化学工业由大变强，指导石化和化学工业持续科学健康发展，制定并发布了《石化和化学工业发展规划（2016—2020年）》。

2016年石化行业主要产品继续保持增长，乙烯产量1781万吨，增长3.9%。"十一五"以来，我国乙烯产量由2005年的755.54万吨上升到2016

年的 1781 万吨，占全球乙烯产量的 11%；在世界排第二位，比第一位的美国（18%）少 7 个百分点，比第三位的沙特（10%）高 1 个百分点。

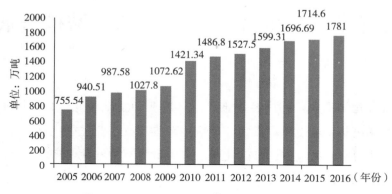

图 5-1 2005—2016 年我国乙烯产品年产量

资料来源：国家统计局，2017 年 2 月。

2016 年石化行业经济运行稳中向好，结构调整加快推进、产业提质增效取得进展、经济形势呈现增长分化、价格触底反弹、能源效率继续提高、出口贸易结构逐步改善等特点，实现了"十三五"良好开局。

生产稳步增长。2016 年石油和化学工业规模以上企业近 3 万家，全行业增加值同比增长 7%，其中化工行业增加值同比增长 7.6%。主要产品中，乙烯产量增长 3.9%，为 1781 万吨。初级形态的塑料产量增长 6.6%，为 8227 万吨；合成橡胶产量增长 8.9%，为 546 万吨；合成纤维产量增长 3.5%，为 4536 万吨。烧碱产量增长 8.8%，为 3284 万吨；纯碱产量增长 2.6%，为 2588 万吨。化肥产量下降 4.8%，为 7005 万吨；其中，氮肥下降 7.9%、磷肥产量下降 0.2%，钾肥产量增长 8.4%。农药产量增长 0.7%，为 378 万吨。橡胶轮胎外胎产量增长 8.6%，为 94698 万条。电石产量增长 4.2%，为 2588 万吨。

行业效益好转。2016 年末，重点监测的化工产品中，多数产品价格上涨。12 月，烧碱（片碱）比上月上涨 27.4%，平均价格为 3350 元/吨，同比上涨 45.7%；纯碱比上月上涨 17.9%，为 1780 元/吨，同比上涨 31.9%。尿素同比下跌 5.4%，为 1400 元/吨，比上月上涨 15.7%；国产磷酸二铵比上月上涨 0.4%，为 2660 元/吨，同比下跌 3.6%。电石比上月上涨 3.2%，为 2610 元/

吨，同比上涨 24.9%。

二、行业节能减排主要特点

石化行业对能源的依赖度高，能源不仅为石化行业提供燃料和动力，也是某些产品的重要原料。其中，作为原料的能源消耗量约占行业总能耗的 40%（不含原油加工）。2016 年工业和信息化部发布了《石化和化学工业发展规划（2016—2020 年)》，提出了目标任务，不断推进节能减排工作，2016 年石化行业节能减排具有以下特点。

（一）加大落后产能淘汰工作力度

石化行业近年来不断淘汰落后产能。2015 年继续淘汰焦炭 948 万吨，电石 10 万吨的落后产能。

表 5－1　2014、2015 年石化行业淘汰落后产能完成情况

行业	单位	2014 年实际完成情况	2015 年实际完成情况	减少量
焦炭	万吨	1853	948	905
化纤	万吨	11	—	—
电石	万吨	194	10	184

资料来源：工业和信息化部，2016 年 9 月。

2015 年淘汰落后焦炭产能比 2014 年减少 905 万吨，为 948 万吨；淘汰电石产能减少 184 万吨，为 10 万吨。

（二）产品结构进一步优化

石化行业以实现总量平衡和行业的合理布局为目标，控制三酸两碱〔硫酸、盐酸、硝酸和烧碱（氢氧化钠 NaOH）、纯碱〕、电石等高能耗大宗基础化学品总量，改造或淘汰能耗高、污染重的落后产能和装置，促进先进产能置换落后产能。持续调整产品结构，22 种高毒农药产量降至农药总产量的 2% 左右，高养分含量磷复肥在磷肥中比例达到 90.8%，离子膜法烧碱产能比例提高到 98.6%，子午线轮胎产量比重提高到 90.9%。新型煤化工和丙烷脱氢等技术获得突破，非石油基乙烯和丙烯产量占比提高到 12% 和 27%，为我国石化化工产品保障能力的提高起到了积极作用。

（三） 主要工艺技术水平不断提升

石化行业立足现有企业和基础，加快新材料、新技术、新工艺、新装备的升级，加大技术改造投入，推进涉及硝化、光气化等十五种危险化工工艺装置的重大危险源配套监控、设备自动化改造以及企业安全生产标准化工作。六氟磷酸锂、高强碳纤维、反渗透膜、生物基增塑剂等一批化工新材料实现产业化，一些拥有特色专有技术的中小型化工企业逐渐成为化工新材料和高端专用化学品领域创新主体。氯碱用全氟离子交换膜、湿法炼胶等生产技术实现突破，建成了万吨级煤制芳烃装置。对二甲苯和煤制烯烃等一批大型石化、煤化工技术装备实现国产化，部分已达到国际先进水平。

（四） 产品能耗不断降低

2016 年石油和化学工业通过组织实施能效领跑者活动，石化行业产品能效水平不断提高，并且与国际先进水平之间的差距不断缩小，其中部分企业的能效已接近或达到了世界先进水平。本次能效领跑者活动涵盖乙烯、合成氨等 17 种产品，每个产品根据工艺、原料等不同，分别发布了位居前 1—3 位的生产企业名单及其指标。能效领跑者评选的产品种类进一步扩大，比上一年度的 15 个增加了 2 个。通过组织开展能效领跑者活动，五年来，能效领跑者的能耗指标大幅下降，有的已经达到或接近世界领先水平，以烟煤（包括褐煤）为原料的合成氨为例，2015 年能效领跑企业的单位产品能耗为 1136 千克标煤/吨，比 2011 年第一次能效领跑者发布的 1554 千克标煤/吨下降了26.9%，有力地促进了企业节能降耗。

（五） 行业节能管理不断加强

为推动企业持续开展节能减排，加强管理，2016 年中国石油和化学工业联合会在前四年发布能效领跑者的基础上，组织开展了 2015 年度的石油和化工行业重点耗能产品能效领跑者评选，发布了《2015 年度石油和化工行业重点耗能产品能效领跑者标杆企业名单和指标》。石油和化工行业以控制能耗总量、提高能源利用效率、优化能源结构、减少污染物排放为重点，进一步细分行业提出平均标准和先进标准，确立追赶的标杆及其指标，引导和组织企业开展能效和污染物排放强度对标工作。

第二节　典型企业节能减排动态

一、中国石油

（一）公司概况

中国石油天然气集团公司（以下简称"中国石油"）于 1999 年组建，是国有重要骨干企业，以油气业务、石油工程建设、工程技术服务、金融服务、石油装备制造、新能源开发等为主营业务，是中国主要的油气生产商和供应商之一。2015 年中国石油资产总额达 4.0 万亿元；营业收入 2 万亿元，净利润 825 亿元；分别比上一年下降 26.1% 和 52.4%；实现税费 3381 亿元。2015年中国石油在世界 50 家大石油公司综合排名中位居第三，在《财富》杂志全球 500 家大公司排名中排名第四。中国石油目标是建成世界水平的综合性国际能源公司，实施战略发展，注重质量效益，坚持创新驱动，加快转变发展方式，努力实现到 2020 年主要指标达到世界先进水平，全面提升竞争能力和盈利能力，促进公司绿色发展和可持续发展。

2015 年中国石油国内外油气权益当量产量比 2014 年增长 1.8%，为25954 万吨，其中，国内原油产量 11423 万吨、天然气产量为 955 亿立方米，分别占全国原油总产量的 52.3%，天然气总产量的 72.7%。中国石油 2015 年有 4 项成果获得国家科技奖，其中"5000 万吨级特低渗透致密油气田勘探开发与重大理论技术创新"获得国家科技进步一等奖。2015 年中国石油运营油气管线延展长度达到 8 万千米；成品油销售量占国内市场份额 40% 以上，销售 11625 万吨；天然气销量比上年增长 2.6%，达到 1226 亿立方米；成功研发并具备国 Ⅴ 车用汽柴油供应能力，并向东部 11 个省市提前供应国 Ⅴ 标准车用汽柴油；炼油综合能耗和乙烯燃动能耗等指标持续下降。

（二）主要做法与经验

中国石油将提供优质清洁高效能源、保护环境、节能减排作为实现企业可持续发展的战略基础，追求"零缺陷、零伤害、零污染"的目标，持续完善产品服务质量管理，坚持安全生产、绿色生产、节约生产，大力推进生态文明建设，构建资源节约型、环境友好型企业。将决策和活动对环境的影响纳入整体考虑，致力于减少企业生产运营对环境与气候造成的不利影响。

强化风险防控。针对环境保护面临的重大风险，中国石油开展环境风险识别、评价，建立实施预测、预警、监控的风险防控管理。将环境保护的风险管理关口前移，建立健全"分层管理、分级防控"的风险管理机制，对重大环保风险实现分级、分层、分专业管控，保障环保风险全面受控。

可持续利用资源。加强水资源保护，合理利用土地资源，努力提高能源和材料使用效率，最大限度减少资源消耗。将"提高水资源利用效率，实现水资源可持续利用"贯穿到生产运营各个环节，实行全产业链水资源管理，2015年通过加强用水过程管理，采用污水处理回用及中水回用等技术和措施，减少新鲜水用量。坚持节约优先，通过加快节能技术革新，实施炼化能量系统优化和完善管理制度等举措，努力减少能源消耗。

控制污染物排放。全面落实国家"十二五"污染减排目标责任制要求，采取先进适用技术，将对生态环境不利影响降至最低，2015年国家考核的42项减排工程全部建成投运，关停大港油田滨海电厂等燃煤机组，实现京津冀油气田炼化企业锅炉零燃煤。建立了污染源在线监测系统，实时准确监控、统计、分析各监测点排污数据，截至2015年底，中国石油共有298个重点监测点实现联网。

积极应对气候变化。主动适应全球绿色低碳发展趋势，加强碳排放管理，将应对气候变化纳入公司规划，制定低碳发展路线图和碳排放管控体系，以碳盘查、碳排放、近零碳排放示范工程建设为重点，加强温室其他管控工作，从源头、生产过程和产品使用三个环节全过程规划和减缓二氧化碳等温室气体排放。积极发展天然气、煤层气、页岩气和生物质能等低碳能源，生产和供应清洁产品，努力实现产品生产、消耗过程清洁化。开展二氧化碳驱油与埋存、咸水层和油藏碳封存潜力评估、自备电厂烟道二氧化碳捕集等碳减排技术研究。积极参与碳交易市场化机制构建，联合出资成立天津排放权交易所，2015年完成国内最大单中国核证自愿减排量交易，交易量达506125吨。

（三）节能减排投入与效果

2015年，公司全年未发生重大及以上环境污染和生态破坏事故，主要污染物排放量分别同比下降，实现节能量 116 万吨标准煤；节水量 2061 万立方米；节地 1200 公顷；主要污染物排放量实现同比下降。

表 5 - 2　近六年来中国石油节能减排相关指标情况

指标	单位	2010 年	2011 年	2012 年	2013 年	2014 年	2015 年
废水中石油类排放量	吨	778	721	650	624	507	——
节能量	万吨标准煤	187	122	131	118	126	116
节水量	万立方米	3821	2353	2435	2440	2462	2061
节地	公顷	963	1080	1200	1225	1232	1200

资料来源：2014、2015 中国石油社会责任报告。

二、中国化工

（一）公司概况

中国化工集团公司（以下简称"中国化工"）是经国务院批准，于 2004 年 5 月组建的国有大型企业，隶属国务院国资委管理。中国化工 2015 年在世界 500 强中排名第 265 位，比 2014 年提升 11 位，是我国基础化学方面最大的制造企业。中国化工秉承"化工让生活更精彩"的发展理念，实现了超常规跨越式发展。2015 年营业收入 2602 亿元，比 2014 年增加 57 亿元。中国化工目前主业为化工新材料及特种化学品、化工装备、石油加工、农用化学品、基础化学品、橡胶制品 6 个业务板块。

中国化工在全球 150 个国家和地区拥有生产、研发基地，并有完善的营销网络体系，集团有 2 家直管单位，9 家海外企业，9 家 A 股控股上市公司，26 个科研、设计院所，112 家生产经营企业，形成了集科研开发、工程设计、生产经营、内外贸易于一体的比较完整的化工产业格局。中国化工正在以"新科学，新未来"为战略定位，加快产业结构调整，逐步打造以材料科学为核心，以培育生命科学、环境科学为未来，以基础化工为战略保障支撑的"3 + 1"主业格局，努力持续创造经济价值和社会价值，成为资源节约、环境友好、本质安全型企业，以科学发展为主题，通过整合内部资源，优化产业布局和业务结构，淘汰落后产能，形成业务组合优化、世界级制造、投资和项目管理、营销和应用开发"四大核心能力"，创建世界一流化工企业。

（二）主要做法与经验

加大环境管理力度。深化环境管理体系建设，落实环保责任，加强环境风险管理，优化环境管理模式，建立环境管理长效机制。在管理制定方面，规范 SHE 事件信息报告工作，将污染物排放约束性指标纳入各级企业负责人经营业绩考核方案，签订年度节能减排目标责任书；在环境风险评价方面，逐步量化企业环境风险评价指标，形成评价模型，初步建立企业环境风险评价体系；在环保专项资金方面，争取技术改造、节能减排、清洁生产政策及专项资金支持，加大资金投入，支持项目管理。

提供绿色产品和服务。大力研发并推广绿色产品和服务，促进化工行业绿色发展，实现经济和环境双赢。德州实华利用企业余热，为所在工业企业及附近居民区供热，解决企业的用热需求，降低其运行成本，为当地环境保护、节能减排做出积极贡献。杭州水处理与中能建广东电力设计研究院有限公司签订"越南永新燃煤电厂一期 BOT 配套 14400 立方米/吨海水淡化项目"合同，为电厂提供包括工业和消防用水、生活用水及锅炉补给水处理系统用水在内的全厂淡水需求。

加强碳资产管理。积极响应国家政策，分阶段开展碳资产管理，采用"国内权威碳咨询机构＋系统内咨询单位"模式，成立联合工作组，按照碳排放量盘查、CCER 项目梳理、节能减排技术改造诊断三部分工作模式，深入进行碳盘查，全面掌握和管理温室气体排放。诊断梳理节能技改项目 16 个，每年节约 4 万吨标煤，减少碳排放 10.6 万吨/年。

不断推进节能减排，大力发展循环经济。按照"零排放"理念，加大环保投入，强化能源资源节约，提高资源使用效率。在降低三废排放的同时，提高原材料回收率和能源利用率，变废为宝，降低企业生产成本，增加产值。在废水回收利用、废气综合利用、余热回收利用等方面取得显著经济效益。

（三）节能减排投入与效果

中国化工继续推进"零排放"管理，合理利用资源，加大环保投入，2015 年环保设施投资 3.82 亿元，其中大气污染治理投资 3.33 亿元。

表 5 - 3　近六年来中国化工节能减排相关指标情况

指标	单位	2010 年	2011 年	2012 年	2013 年	2014 年	2015 年
营业收入	亿元	1402	1724	2017	2440	2545	2602
科技研发投入	亿元	26.06	40.32	40.66	41.50	38.83	52.20
万元产值综合能耗	吨标煤/万元	1.52	1.23	1.18	1.09	1.05	0.97
废水排放总量	万吨	11295	11042	10799	10502	10270	9583
COD 排放量	吨	13401	13079	12804	12462	12168	11559

资料来源：2012、2013、2014、2015 年中国化工社会责任报告。

2015 年，中国化工万元产值综合能耗同比下降 7.62%，废水、COD、SO_2、氨氮和 NO_x 排放量分别同比下降 6.69%、5.01%、6.25%、3.38% 和 7.88%，全面实现"十二五"节能减排责任目标，完成万家企业节能任务。

第六章 2016 年有色金属行业节能减排进展

有色金属工业以开发利用矿产资源为主，是国家经济、科学技术、国防建设等发展的重要物质基础，对提升国家综合实力和保障国家安全等方面具有重要作用。我国有色金属工业发展迅速，基本满足了经济社会发展和国防科技工业建设的需要。2016 年有色金属行业主要产品继续保持增长，十种有色金属产量 5283 万吨，同比增长 2.5%，主要产品价格继续回升；在节能减排方面产业结构进一步优化，落后产能淘汰工作取得新进展，技术引导力度不断加大，再生金属支持力度不断加强。中国铝业、中国黄金典型企业在节能减排方面成效突出。

第一节 总体情况

一、行业发展情况

国务院办公厅 2016 年印发《关于营造良好市场环境促进有色金属工业调结构促转型增效益的指导意见》（国办发〔2016〕42 号），提出了我国有色金属行业发展的目标任务，工业和信息化部为贯彻落实《国民经济和社会发展第十三个五年规划纲要》《中国制造 2025》，推动我国有色金属工业迈入世界有色金属工业强国，指导有色金属工业持续科学健康发展，制定并发布了《有色金属工业发展规划（2016—2020 年）》。

2016 年有色金属行业主要产品继续保持增长，自 2002 年我国十种有色金属产量超越美国，成为世界上第一大有色金属生产国，有色金属产量已连续 15 年位居世界第一，2016 年产量达到 5283 万吨。2005 年以来有色金属产量变化如图 6-1 所示。

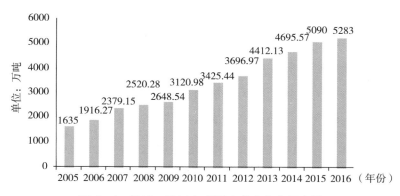

图 6-1　2005—2016 年我国十种有色金属产量

资料来源：国家统计局，2017 年 2 月。

2016 年全国十种有色金属产量同比增长 2.5%，为 5283 万吨，增速同比回落 3.3 个百分点。其中，铜产量增长 6%，为 844 万吨，提高 1.2 个百分点；电解铝产量增长 1.3%，为 3187 万吨，回落 7.1 个百分点；铅产量增长 5.7%，为 467 万吨，上年同期为下降 5.3%；锌产量增长 2%，为 627 万吨，回落 2.9 个百分点。氧化铝产量增长 3.4%，为 6091 万吨，回落 6.2 个百分点。

主要有色金属价格继续回升。12 月，上海期货交易所电解铝平均价格为 14082 元/吨，同比上涨 38.3%；铜平均价格为 46203 元/吨，同比上涨 32.7%；铅平均价格为 19804 元/吨，同比上涨 57%；锌期货平均价格为 22063 元/吨，同比上涨 74.3%。

二、行业节能减排主要特点

（一）产业结构进一步优化

按照《关于营造良好市场环境促进有色金属工业调结构促转型增效益的指导意见》（国办发〔2016〕42 号），2016 年有色金属行业严控新增产能，对电解铝新（改、扩）建项目，严格落实产能等量或减量置换方案，并在网上公示。全面调查掌握有色金属重点品种的环保、能耗、质量、安全、技术等情况，完善主要污染物在线监控体系，加强公平公正执法。引导不具备竞争力的产能转移退出；鼓励有条件的企业适时调整发展战略，主动压减存量产能，实施跨行业、跨地区、跨所有制的等量或减量兼并重组，退出部分低效产能。有色金属行业产业结构进一步优化。

（二）落后产能淘汰工作取得新进展

有色金属行业近年来不断淘汰落后产能。2015年完成淘汰落后产能铜冶炼7.9万吨，电解铝36.2万吨，铅冶炼49.3万吨。

表6－1   2014—2015年有色金属行业淘汰落后产能完成情况

行业	单位	2014年实际完成情况	2015年实际完成情况	增加量
电解铝	万吨	50.5	36.2	－14.3
铜冶炼	万吨	76	7.9	－68.1
铅冶炼	万吨	36	49.3	13.3

资料来源：工业和信息化部，2016年9月。

2015年淘汰落后电解铝产能比2014年减少14.3万吨万吨，为36.2万吨；淘汰铜冶炼产能减少68.1万吨，为7.9万吨；淘汰铅冶炼产能增加13.3万吨，为49.3万吨。

（三）不断加大技术引导力度

有色金属工业不断提高再生有色金属回收利用技术和装备水平，推进高铝粉煤灰综合利用技术研发及产业化，鼓励企业提高再生有色金属的使用比例。发展深加工，着力发展乘用车铝合金板、船用铝合金板、航空用铝合金板、高性能动力电池材料、核工业用材、高端电子级多晶硅、高性能硬质合金产品、高性能稀土功能材料等关键基础材料，继续推广铝合金运煤列车、铝合金半挂车、铝合金油罐车、铝合金货运集装箱以及新能源汽车、乘用车等轻量化交通运输工具。在重点领域开展数字化矿山、智能制造绿色制造示范工厂试点，不断提升企业研发、生产和服务的智能化绿色化水平。

（四）再生有色金属支持力度不断加大

再生金属回收利用是有色金属工业节能减排的重要途径，随着再生有色金属企业的利润率不断降低，倒逼企业注重内部挖潜，不断提高精细化综合管理水平，有效提高资源回收率和综合利用率，降低能耗水平和生产成本。

国家不断加大对再生有色金属行业重点领域和重点项目政策和资金的支持，以"城市矿产"示范基地和进口再生资源加工园区为重点，不断支持以废杂铜为原料生产高值铜加工产品，加快高值再生产业化基地建设，支持废旧易拉罐保级利用示范工程的建设和推广，将一批有一定规模的再生金属企业列入循环经济试点。再生金属大中型企业通过增大在自动化技术和资源综合利用技术方面的投资力度，自主创新能力不断增强，国产装备的技术水平逐步提升，部分企业的技术和装备已经接近或达到国际先进水平。

第二节　典型企业节能减排动态

一、中国铝业

（一）公司概况

中国铝业公司（以下简称"中国铝业"）成立于 2001 年 2 月 23 日，为中央直接管理的国有重要骨干企业。公司主要从事非石油、天然气矿产资源的勘探、开发以及矿产品经营；有色金属冶炼与加工；相关贸易及工程技术服务等。目前公司设有铝业、铜业、稀有稀土三大主业板块以及矿产资源、工程技术、能源、资产、海外业务、国际贸易、金融等相关业务板块。拥有 6 个国家级企业技术中心和分中心，1 个国家铝冶炼工程技术研究中心，在国内外搭建了 3 个产学研合作平台，拥有 5 家上市企业，国内企业分布在 23 个省（自治区、直辖市），在 12 个国家和地区设有分支机构，2015 年公司资产总额 4868.44 亿元，实现销售收入 2387.79 亿元，连续八年入选世界 500 强企业，2015 年排名第 240 位，世界 500 强金属行业排名第 8 位，中国企业 500 强排名第 33 位。

（二）提升绿色发展品质

中国铝业以保护生态环境，促进清洁生产，提高资源利用效率，促进可持续发展为宗旨，坚持"预防为主、源头控制、综合利用、持续改进"的原则，把环境保护与生产发展相结合，将环境保护管理指标纳入公司发展规划和生产经营计划，逐步完善环境管理体系，实行节能环保目标责任制，建设环境管理的绿色平台。

在节能降耗方面，实行节能目标责任制和节能考核评价制度，鼓励支持节能环保新技术的研发、示范和推广，在生产的各个环节关注能源消耗，减少损失，有效利用能源。"十二五"期间在低碳冶炼、资源综合利用等方面实施了多项重大科技专项和重点项目，成功研发出新型阴极结构铝电解槽成套技术，开展绿色铝电解成套技术的试验工作，完成了第六代绿色铝电解槽工业试验，连续三年节能量超过百万吨。

在温室气体减排方面，发挥在国内有色金属冶炼技术研发和应用方面的专业优势，围绕降低有色金属生产过程中的温室气体排放，强化技术创新，推进低碳产业和技术。中铝宁夏能源集团通过打造绿色产业链，大力开发清洁能源，涉足碳排放交易研究与实践。中国铝业所属企业在联合国 CDM 执行理事会成功注册了 28 个 CDM 项目。

在污染物防治方面，公司在做到污染物达标排放的前提下，探索"三废"综合利用的方法和途径，最大限度减少"三废"排放。山西分公司和山东华宇铝电建成在线废气排放监测系统，公司大力推广水重复利用，全部电解铝厂实现废水"零"排放。按照"减量化、再利用、资源化"循环发展要求中铝山东、中州分公司等企业推动和建设循环经济产业园区，在降低自身排放量的同时，用赤泥、粉煤灰等生产建筑材料，实现同产业间废弃物相互转化。

在资源综合利用方面，公司转变生产方式，改进工艺技术，提高尾矿回采率和矿石综合利用率，实现资源的合理开发和高效利用；通过研发新技术，回收可再生资源，实现资源再利用，减少环境污染。自主知识产权"选矿拜耳法"技术广泛应用到氧化铝生产企业，有效提升了中低品位铝土矿资源的利用，延长了矿山服务年限。

（三）节能减排投入与效果

2015 年，中国铝业坚持绿色发展、生态发展的理念，推进节能减排，保护生态环境，促进清洁生产，发展低碳经济，实现企业与自然的和谐发展。公司强化节能减排和能效提升，全年实现同比节能 101 万吨标煤，再生水使用量 3641 万吨，工业固体废弃物综合利用率 27%，二氧化硫排放量同比下降 29.94%。

表 6 - 2   2013—2015 年中国铝业节能减排相关指标情况

指标	单位	2013 年	2014 年	2015 年
固体废物综合利用率	%	24.5	25.61	27
二氧化硫排放量同比下降	%	—	6.21	29.94
化学需氧量排放量同比下降	%	3.03	5.56	—
氨氮排放量同比下降	%	—	3.67	—
氮氧化物排放量同比下降	%	5.01	4.67	13.75

资料来源：2013、2014、2015 中国铝业社会责任报告。

中国铝业通过降低电解铝综合能耗，提高能源利用率，为实现节能减排、降本增效提供了技术保障。2015 年，公司总能耗同比下降 0.85%，万元产值综合能耗同比下降 0.44%。新增矿山复垦面积 4035 亩，通过开展降本增效活动，广泛发动全员力量参与节能降耗，累计实现改善收益 2.67 亿元。

二、中国黄金

（一）公司概况

中国黄金集团公司（以下简称"中国黄金"）是国务院国资委管理的中央企业，其前身是 1979 年成立的中国黄金总公司，2003 年初组建为中国黄金集团公司。中国黄金是中国黄金协会会长单位，是世界黄金协会在中国的会员单位。

中国黄金主要从事金、银、铜、钼等贵金属及伴生金属的资源开发、冶炼、加工、工程总承包以及贸易等业务。截至 2015 年末，公司拥有 242 户权属企业，其中上市公司 2 家（"中金黄金"以及"中金国际"）；下设中金黄金、中金国际、中金珠宝、中金建设、中金资源、中金辐照、中金贸易 7 大板块；在我国重要成矿区带，规划了 21 个黄金生产基地和 3 个有色生产基地；拥有我国黄金行业唯一的国家级黄金研究院、黄金设计院和两个高新技术产业示范基地；拥有独立自主知识产权的生物氧化提金技术和原矿焙烧技术，以及代表我国同行业最高水平的"99.999 极品黄金"精炼技术。

（二）坚持绿色和谐发展

中国黄金不断健全环境管理体系。要求权属企业定期开展环保自检工作，同时组织专家队伍深入权属企业进行现场诊断，彻底检查潜在环保隐患，指导企业有针对性地加强日常环境管理。采取"回头看"的方式赴企业现场进行督导，树立典型企业，在制度建设、检查方案、整改体系等方面总结归纳可推广、易操作、能贯彻的经验方法。进一步规范权属企业环境应急管理，定期组织突发环境事件应急预案的专项演练，不断提高自身应急处置能力水平。

中国黄金健全了能源管理体系，权属企业规范了各种能源消耗的剂量，建立了能源计量和统计监测体系，集团定期总结分析能源消耗情况。以优化"损失率、贫化率、选冶回收率、设备运转率、劳动生产率"五率为手段，抓好生产各环节节能工作，以精细化管理、先进技术装备和生产工艺推进节能工作。

中国黄金把利用可再生能源作为节能减排措施之一，鼓励下属企业应用可再生能源，支持和扶持坐落在山区，水资源丰富的矿山企业，通过建设水电厂和改造扩大发电能力等措施，有效利用区域水能资源，在降低企业生产成本的同时，解决了附近农民用电，带动了当地经济发展。鼓励企业利用太阳能加热、采暖和照明等，通过汇总各企业总结可再生能源的利用情况，选择节能成果好的技术产品在集团公司组织推广。

中国黄金开展绿色矿山建设，已有30家企业成为国家级绿色矿山试点单位，其中黄金生产矿山25个，占全国黄金行业绿色矿山数量的三分之一。30户试点单位分布在河北、内蒙古、吉林、辽宁、河南、湖北、安徽、江西、广西、贵州、甘肃、陕西、新疆等13个省区，绿色矿山试点单位占生产企业总数的64%。有6家企业已经通过了评估验收，正式成为国家级绿色矿山单位。

中国黄金积极发展清洁生产工艺，加强"三废"治理，有效地消除、削减控制重金属污染源，从原料到产品最终处理的全过程中减少"三废"的排放量，从源头减少土壤污染，以减轻对环境的影响。例如冶炼烟气无害化处理含氰尾矿浆技术研究进入半工业试验研究阶段，内蒙古矿业公司被评为

"2014 年内蒙古自治区节水型企业"，山东鑫泰公司尾矿干排工艺的研究与应用项目获中国黄金协会科学技术奖二等奖。

（三）节能减排投入与效果

中国黄金 2015 年环境保护总投入 1.8 亿元。全年能源消耗总量 35.23 万吨标煤，排放温室气体 81.46 万吨，单位工业增加值新鲜水耗 30.53 立方米/万元。公司权属企业排放二氧化硫 472 吨，比 2014 年减少 11 吨；排放化学需氧量 1938吨；粉尘排放量 147 吨，比 2014 年减少 7 吨；废渣排放量 23031 万吨。

表 6 - 3　2011—2015 年中国黄金新能源和可再生能源使用情况

指标	单位	2011 年	2012 年	2013 年	2014 年	2015 年
新能源和可再生能源使用量	吨标煤	6221	6754	13558	13610	13745

资料来源：2015 中国黄金社会责任报告。

第七章　2016年建材行业节能减排进展

建材行业是我国重要的原材料工业,是国民经济的重要基础产业,是促进工业绿色低碳循环发展的重要支撑。目前,我国建材行业正处于转型升级、由大变强的关键时期,机遇与挑战并存。2016年,全国水泥产量持续同比增长,水泥去产能任重道远。平板玻璃产能过剩情况愈加激烈,未能受到有效遏制。总体看来,建材行业节能减排主要从以下四个方面开展:一是继续优化产业结构,二是加强淘汰落后产能,三是开展协同创新,四是推动绿色发展。根据国务院对行业发展的总体要求,企业积极开展节能减排工作,取得了一定的成效。中国建材集团注重绿色运营和绿色制造,金隅集团大力推行清洁生产和资源综合利用,在节能减排方面取得一定成效。

第一节　总体情况

一、行业发展状况

2016年国务院办公厅发布了《关于促进建材工业稳增长调结构增效益的指导意见》(国办发〔2016〕34号),提出了我国建材行业发展2020年目标任务为,压减一批水泥熟料和平板玻璃产能,进一步提升节能减排和资源综合利用水平。工业和信息化部发布《建材行业发展规划(2016—2020年)》,指导我国推进建材行业转型升级、加快建材行业由大变强和推动行业健康绿色发展。

整体来看,2016年我国水泥行业已走出"十二五"后两年双双下跌的困境,产销量和价格逐渐回升。2015年水泥产量为23.48亿吨,2016年水泥产量为24.03亿吨(见图7-1);2015年平板玻璃产量达8.31亿重量箱;2016

年1—11月平板玻璃产量达7.74亿重量箱（见图7-2）。

2016年，全国水泥产量持续同比增长，水泥去产能任重道远。平板玻璃产能过剩情况愈加激烈，未能受到有效遏制。全年水泥产量24.03亿吨，同比增长2.5%；商品混凝土产量17.92亿立方米，增长7.4%，增速同比提高5.3%；平板玻璃产量7.74亿重量箱，增长5.8%，同比下降8.6%。

水泥和平板玻璃的价格均出现不同程度的提升，12月全国42.5等级散装水泥平均价格为311元/吨，比上月涨1.6%，同比上涨28.5%。平板玻璃（原片）出厂价为66.3元/重量箱，比上月上涨了0.9%，同比上涨17.3%。

图7-1　2005—2016年我国水泥产品产量

资料来源：国家统计局，2017年2月。

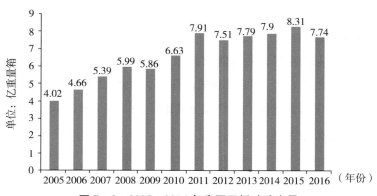

图7-2　2005—2016年我国平板玻璃产量

资料来源：国家统计局，2017年2月。

截至 2016 年底，全国共有新型干法水泥生产线 1769 条（去除部分 2016 年已拆除生产线），设计水泥熟料产能达到 18.3 亿吨，实际年熟料产能超过 10 亿吨，累积产能比上年增长 1%。

二、行业节能减排主要特点

2016 年是落实《中华人民共和国国民经济和社会发展第十三个五年规划》《中国制造 2025》《关于促进建材工业稳增长调结构增效益的指导意见》《建材工业发展规划（2016—2020 年）》等文件的开局之年。节能减排主要有以下特点：

（一）优化产业结构

一是大力压减水泥行业、平板玻璃行业等建材行业的过剩产能，开展压减过剩产能专项行动。禁止备案和新建新增水泥熟料和平板玻璃建设项目。依法对经整改不达标的产能进行关停退出，对砖瓦轮窑进行逐步淘汰，2016 年 32.5 等级复合硅酸盐水泥停止生产，选择 42.5 及以上等级产品加强重点生产。推动企业联合重组，倒逼过剩产能退出。二是支持建材产业的产业链延伸项目，推进建材产品部品化、建材原料标准化，加快建材传统产业的更新和升级换代。加快推进专用水泥、砂石骨料、混凝土掺和料、预拌混凝土、预拌砂浆、水泥制品等基础原料的系列化和标准化，开发推广适用于装配式建筑的部品化建材，如玻璃弹幕、水泥基材料及制品、节能门窗等。三是壮大建材新兴产业，培育新的经济增长点。重点发展人工晶体、矿物功能材料、高性能无机复合材料、工业陶瓷、玻璃基材料等，加强基于功能性填充、节能防火、生态环保治理等矿物功能材料的开发，鼓励发展石墨烯等前沿材料。四是充分发挥双创在行业发展中的推动作用，大力发展生产性服务业。加强对高附加值、高技术含量的生产性服务业的重视，加大研发设计。

（二）淘汰落后产能

"十二五"期间，累计淘汰落后水泥产能 6.57 亿吨，累计淘汰 1.69 亿重量箱的落后平板玻璃产能。

表 7-1　近五年来建材行业淘汰落后产能目标任务情况

行业	单位	2011 年	2012 年	2013 年	2014 年	2015 年
水泥	万吨	13355	21900	7345	5050	5000
玻璃	万重量箱	2600	4700	2250	3500	——

资料来源：工业和信息化部（赛迪智库整理）。

2015 年各省（区、市）及新疆生产建设兵团均完成了建材行业淘汰落后和过剩产能目标任务。全国水泥（熟料及粉磨能力）4974 万吨、平板玻璃1429 万重量箱。

2016 年建材行业去产能地图：东北地区主要以结构性转型为主；华北地区去产能数量目标明确；华东地区利用市场化方案优胜劣汰；华中地区主要采取分类出清"僵尸企业"；华南地区指定目标 2018 年底出清"僵尸企业"；西北地区寻求政府资金支持；西南地区少破产，重庆市力度最大。

（三）开展协同创新

开展协同创新对于引导产业从单一提供产品逐步向提供服务和整体解决方案转变具有尤为重要作用。一是加强技术创新，对建材行业各领域的关键技术培育重点予以明确，构建"产学研用"一体化相结合的产业发展创新平台，提高骨干企业、科研院所的研发能力；二是完善标准规范，开展标准规范推进行动。加快推动水泥、平板玻璃等传统行业的能耗定额强制标准、污染物排放标准和产品质量等标准，加快推动新技术、新材料、新工艺和装备的标准体系建设；三是创新业态和模式，构建产业创新链条，不断引导产业由单一提供产品向提供服务和整体解决方案转变，引导大型及骨干企业建立完善的采购销售电子商务平台，建立完善的企业供应链，提高协同创新能力。

（四）推动绿色发展

一是推广绿色建材。促进绿色建材生产和应用，构建全产业链条，搭建产业协同发展创新平台，组织推广绿色建材试点示范，加强绿色建材生产应用的成功典型的宣传。二是加强清洁生产。鼓励引导企业不断提高清洁生产水平，实施节能减排技术改造，开发利用先进适用技术，开展降低能源消费和污染物排放的研究，推广建材窑炉烟气除尘净化、烟气脱硫综合治理和煤气化等成套技术装备。三是发展循环经济。开展新型干法水泥窑协同处置生活垃圾、城市污泥等试点，开展新型墙材隧道窑协同处置建筑垃圾、淤泥和污泥等研究，开展利用尾矿、粉煤灰、煤矸石等大宗工业固体废物综合利用，大力发展绿色生态和低碳水泥，在保证产品质量和生态安全的前提下，推广利用绿色生态、低碳水泥，提高建材工业消纳固体废物能力。

第二节　典型企业节能减排动态

一、中国建材集团

（一）公司概况

中国建材集团有限公司（以下简称"中国建材集团"）是经国务院批准，2016年由中国建筑材料集团有限公司与中国中材集团有限公司重组而成，是由国务院国有资产监督管理委员会直接管理的中央企业。其业务领域是集制造、科研、流通于一体，我国规模最大、世界排名领先的综合性建材产业集团，其前身中国建筑材料集团连续六年荣登《财富》世界500强企业榜单。中国建材集团目前共拥有15家上市公司，其中海外上市公司2家。拥有26家国家级科研设计院所共25万员工，3.8万名科技研发人员，8000多项专利，3个国家级重点实验室，8个国家级工程研究中心，33个国家、行业质检中心。

2016年，中国建材集团资产总额达5500亿元，年营业收入近3000亿元。目前拥有水泥熟料产能5.3亿吨、商品混凝土产能4.3亿立方米、石膏板产能20亿平方米、玻璃纤维产能178万吨、风电叶片产能16GW，各领域生产产能均居世界第一位；公司的国际水泥工程市场和余热发电国际市场领域处于世界前列。

（二）绿色发展

1. 绿色运营

一是公司成立集团节能减排工作领导小组，设立节能环保办公室和总部设立社会责任办公室，在各成员企业也分类别、分层级建立节能环保职能机构，全面覆盖整个集团节能减排管理体系。同时，公司重视建设节能减排队伍，企业根据国家法律法规要求配备节能减排工作人员，关键岗位的管理人员均具备职业资格证。开展节能减排管理培训等活动，不断丰富管理人员的知识储备，提高管理人员的业务素质和管理水平。对集团各成员企业实施分类管理，制定节能减排战略、方针、规划和制度，通过监测分析、计量统计、评价考核三大体系，推进工作的持续改进。

二是严格执行行业准入制度，坚决淘汰落后产能。严格执行国家能源消耗限额要求和污染物排放标准，提升能源利用效率和完善污染物排放检测和减排系统，确保主要产品的单位能耗保持先进水平，以及清洁生产和排放达标。严格履行项目环评审批程序，执行固定资产投资项目节能环保"三同时"要求，认真组织开展新改扩建项目的可行性评估和环境影响评价。建立环境风险预警机制，制定应急预案，预防和减少可能造成的环境危害。

三是公司矿山开采遵守《绿色矿山公约》，及时开展石灰石矿山开采过程中的生态恢复工作。尊重《生物多样性公约》，对于工厂的选址和布局进行严格论证，在工程和项目建设中保护自然栖息地、湿地、森林、野生动物廊道和农业用地，尽可能地降低企业对周边环境和社区造成的不利影响。

四是推行标准化管理体系，通过精益管理实现节能降耗和清洁生产。集团制造类企业基本建立了质量、环境和能源管理标准化体系。规范节能减排资金管理，将节能减排资金投入纳入全面预算管理体系，制订资金使用计划，确保技术改造和管理提升落到实处。

2. 绿色制造

矿山爆破采用多排孔微差爆破方式，减少爆破震动及资源浪费；矿山开采采用横向采剥，自上而下分水平台阶进行，防止地质灾害发生。及时淘汰落后生产设备，进行改造升级提高窑炉的燃烧效率。通过一系列电力节能措施（包括电机系统变频改造、错峰生产、建设专家控制系统等），提升用电效率和用电安全。

实施分级燃烧技术改造，提高能效的同时，控制氮氧化物等污染物的生成。协同处置危险废弃物、城市垃圾和污泥，提供生态服务。提高低品位能源和可再生能源的利用率，实现煤矸石、城市垃圾、污泥等可燃废物替代化石能源的综合利用。建设脱硝系统，大幅削减氮氧化物排放量；采用信息化控制技术，合理控制还原剂使用量，延长系统使用寿命、控制还原剂耗用量和脱硝成本。

协同处置工业固体废弃物，减少天然矿产资源的消耗和使用。对生产过程中产生的废渣、不合格产品以及回收的产品外包装等进行加工再处理，检验合格的材料重新作为原材料进行循环利用，从而实现固体废弃物的循环利用。有效使用低品位矿石，提高均化效果，充分发挥矿产资源价值。

重视水资源的保护，余热系统及冷却系统用水均实现了循环利用；冲洗等辅助工艺用水也通过沉降和污水处理系统，实现有效回用；工业废水达标排放。推行散装水泥、推动产品减量化包装、建立区域营销体系，减少运输和包装能耗。

重视矿山复垦和厂区绿化，打造国家级绿色矿山和花园式的生态工厂。深入推进工业化和信息化深度融合，大力实施智能化工厂建设，实现生产控制的无人化、智能化、远程化，实现节能高效运营。

3. 绿色协同

实施绿色采购，在原材料采购过程中，优先选用生产过程低碳环保、对环境破坏程度低的产品；在能源的选择上，选购清洁能源，大力推进低品位能源、城市垃圾、生物质能源等非化石能源的使用。

提供绿色建材产品。从节能、安全、舒适、生态四个核心理念出发，研究开发新型建筑材料。提高产品质量、延长使用寿命，减少重复生产；开发使用工业废弃资源作为原材料生产建材产品，减少天然矿产的耗用量；生命周期结束后可最大限度循环使用或有效处置。新型房屋产品集成了性能优越的绿色建材产品，并与新能源技术和智能控制技术实现了无缝对接，打造"零排放""加能源""未来芯"的梦想住宅。

（三）节能减排投入与效果

2015年，中国建材集团的节能环保投入达17.1亿元，余热发电装机容量约1732MW，固体废弃物消纳能力约1亿吨。能源消费总量2796.7万吨标准煤，水泥余热发电量64.8亿千瓦时，厂区平均绿化率18.4%，循环水利用率93.5%，国家级绿色矿山8个。

表 7-2　近五年来中国建材节能减排相关指标情况

指标	单位	2011 年	2012 年	2013 年	2014 年	2015 年
万元产值综合能耗	吨标准煤/万元	1.97	2.17	2.04	2.03	2.11
万元产值二氧化硫排放量	千克/吨	1.60	1.45	1.39	1.36	1.46
万元产值 COD 排放量	千克/吨	0.12	0.07	0.07	0.06	0.06
吨水泥综合能耗	千克标准煤/吨	61.33	62.06	63.53	64.45	66.55
吨水泥熟料氮氧化物排放量	千克/吨	0.92	0.78	0.89	0.76	0.69

资料来源：2015 中国建材社会责任报告（赛迪智库整理）。

二、金隅股份

（一）公司概况

北京金隅股份有限公司（以下简称"金隅股份"）是一家以"水泥及预拌混凝土—新型建材制造及商贸物流—房地产开发—物业投资与管理"为核心产业链的企业，公司在香港 H 股（02009）和境内 A 股（601992）上市的大型产业集团。公司是国家重点支持的 12 家大型水泥企业之一和京津冀区域最大的水泥生产商及供应商，全国最大建材制造商之一和环渤海经济圈建材行业的引领者。

2015 年实现营业总收入 409 亿元，其中利润总额达 31.60 亿元。归属于上市公司股东的净利润为 20.13 亿元。公司拥有四大主营业务的布局，在职员工总数约 2.8 万人。

（二）绿色发展

公司持续推动节能法律法规和管理制度，落实节能低碳政策措施，贯彻国家强制性节能标准，全面推行清洁生产，大力发展循环经济，努力提升资源综合利用水平，推动企业"绿色、循环、低碳"发展，促进企业转型升级。

一是公司加强责任制管理。公司实施能源消费总量和能耗强度"双控"机制。对重点耗能企业进行预警调控，建立能源审计机制，完善能源计量基础能力建设，审核并指导对列入国家"万家企业"省市考核的重点用能单位以及年综合能耗 5000 吨标准煤以上（含）的重点用能单位开展年度能源利用状况报告和自查报告的编报，顺利完成公司重点耗能企业和"万家节能低碳企业"国家和地方政府下达的节能目标任务。

二是公司严格实施能效限额对标。公司按照国家重点行业（领域）、重要耗能产品能效领跑者制度要求及工业企业能效指南开展企业能效对标达标活动，不断提升能源利用效率。2015年，实施电机系统节能项目10项、建筑节能项目2项、余热余压利用项目1项、绿色照明项目20项、工业窑炉改造项目4项、生产工艺系统节能改造项目16项、能量系统优化项目1项、新能源利用项目1项、16家企业清洁生产审核项目，18次北京市电力需求侧管理需求应急响应。

三是开展清洁生产和资源综合利用。公司开展能源管理体系建设和清洁生产工作，所属多家重点能耗企业积极建立能源管理体系并获得认证；北京金隅凤山温泉度假村有限公司、岚县金隅水泥有限公司、北京金隅加气混凝土有限责任公司、天津振兴水泥有限公司、曲阳金隅水泥有限公司顺利通过能源审计；积极推进节能环保领域重点工程实施，开展清洁生产的监督管理，2015年公司所属的北京水泥厂、北京金隅涂料、宣化金隅水泥等16家通过政府清洁生产审核评估验收。公司持续强化资源综合利用过程控制，全面贯彻落实国家财税〔2015〕78号关于印发《资源综合利用产品和劳务增值税优惠目录》，加强综合利用技术研究，组织企业积极调整产品配料工艺配方，助推综合利用企业逐步提高利废掺加率，2015年共利用符合国家规定的废弃物20余种，达2082万吨。

（三）节能减排投入与效果

2015年，公司实现节煤4.6万吨，节水12.73万立方米，电力需求侧管理需求应急响应实现降低负荷40.47万kW。公司所属10家重点碳排放单位全部按照要求完成2014年度碳排放履约。在京企业2015年氮氧化物排放量比2014年下降20.80%，比2010年下降68.22%，超额完成了"十二五"时期主要污染物总量控制目标任务。

第八章 2016 年电力行业节能减排进展

电力行业是影响经济社会发展全局的基础性产业，目前我国发电结构以煤电为主，电厂发电、供热煤炭消费量约占全国煤炭消费总量的一半左右，电力行业是煤炭清洁高效利用和大气污染防治的重点领域。2016 年我国电力生产和消费呈现明显的新常态特征，电力投资增速放缓，发电装机容量增速平稳。我国电力工业主动适应经济新常态，积极转变发展理念和发展方式，扎实推进发电结构调整和优化，电力技术装备水平明显提升，尤其是火电行业在节能减排、绿色发展领域取得了显著进展，火电机组供电煤耗持续下降，超低排放改造迅速推进，主要污染物排放量大幅下降。中国国电、中国华能典型企业在节能减排方面成效突出。

第一节 总体情况

一、行业发展情况

近年来，随着我国经济发展进入新常态，电力行业生产和消费呈现明显的新常态特征。电力投资增速放缓，全国发电装机容量增速平稳（见图 8 - 1），电力供给结构持续优化，电力消费结构不断调整。

2016 年 1—11 月，全国电力供需形势总体持续宽松。据中国电力企业联合会发布的统计数据，1—11 月全国规模以上电厂发电量达到 53701 亿千瓦时，同比增长 4.2%，增速同比增加 4.1 个百分点；全社会用电量为 53847 亿千瓦时，同比增长 5.0%，全社会用电量增速同比加快，比上年同期增加 4.2 个百分点；核电、风电、水电发电量增长显著，火电利用小时持续下降；工业用电量开始回升，其中制造业用电量同比小幅增长，高载能行业用电量继续保持负增长。

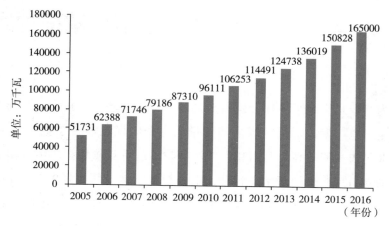

图8-1　2005—2016年全国装机容量

资料来源：中国电力企业联合会、国家统计局，2017年1月。

从三大产业结构和城乡居民生活用电量来看，2016年1—11月，第一产业用电量同比增长5.2%，增长速度比上年同期提高2.2个百分点，达到1002亿千瓦时，占全社会用电量比重为1.9%；第二产业用电量同比增长2.6%，增长速度比上年同期提升3.7个百分点，达到38119亿千瓦时，对全社会用电量增长的贡献率是38.2%，占全社会用电量比重高达70.8%；第三产业用电量同比增长11.7%，增长速度比上年同期提升4.4个百分点，达到7286亿千瓦时，对全社会用电量增长的贡献率是29.9%，占全社会用电量比重为13.5%；城乡居民生活用电量同比增长11.4%，增幅比上年同期提升6.7个百分点，达到7441亿千瓦时，对全社会用电量增长的贡献率是30.0%，占全社会用电量的比重为13.8%。

从高载能行业用电量来看，2016年1—11月，黑色金属冶炼、有色金属冶炼、化学原料制品、非金属矿物制品四大高载能行业用电量合计15922亿千瓦时，与2015年同期相比下降0.9个百分点，对全社会用电量增长的贡献率是-5.4%，四大高载能行业合计用电量占全社会用电量比重是29.6%，比上年同期下降0.7个百分点。其中，黑色金属冶炼行业用电量同比下降5.0%，为4407亿千瓦时，变化速度比上年同期提升3.4个百分点；有色金属冶炼行业用电量同比下降0.4%，为4647亿千瓦时，增速比上年同期下降3.2个百分点；化工行业用电量同比增长1.2%，为3956亿千瓦时，增速比上年同期下降1.1个百分点；建材行业用电量同比增长2.4%，为2911亿千瓦时，增速比上年同期提升8.8个百分点。

二、行业节能减排主要特点

我国电力工业主动适应经济新常态，积极转变发展理念和发展方式，扎实推进能源转型升级，发电结构进一步调整和优化，电力技术装备水平明显提升。近年来，火电行业在节能减排、绿色发展领域取得了显著进展，火电机组供电煤耗持续下降，超低排放改造迅速推进，主要污染物排放量大幅下降。

（一）发电结构进一步调整和优化

据中国电力企业联合会统计，截至2016年11月，全国6000千瓦及以上电厂装机容量达到15.7亿千瓦，同比增长10.4%，其中，火电10.4亿千瓦、水电2.9亿千瓦、并网风电1.4亿千瓦、核电3352万千瓦。火电机组结构进一步优化，清洁、高效、环保的超临界、超超临界先进机组比例大幅提升。非化石能源发电量增速明显高于化石能源发电量。2016年1—11月，规模以上电厂火力发电量同比增长2.2%，核电发电量同比增长23.5%，6000千瓦及以上风电厂发电量同比增长达到30.3%，规模以上电厂水电发电量同比增长6.4%。

（二）电力技术装备水平不断提升

电力技术装备创新取得显著进展，在高效洁净燃煤发电、大容量高参数低能耗火电机组、可再生能源发电、第三代核电工程设计和设备制造、特高压、智能电网等技术领域取得重大突破，推动了我国电力行业技术水平全面提升。火电企业积极实施技术装备升级改造，发展大容量、高参数、节能环保型机组，持续推进机组大型化、高效化，热电联产机组占火电装机容量的比重不断提升。各级电网网架不断完善，智能化建设取得显著进展，配电网技术装备水平、供电能力和供电质量显著提升。

（三）工业领域电力需求侧管理不断完善

强化工业领域电力需求侧管理能够实现以较少的能源消耗创造出更大的工业产值，是提高能源配置效率的重要措施。为深入推进工业领域电力需求侧管理工作，工业和信息化部组织征集工业领域电力需求侧管理推荐产品（技术），开展工业领域电力需求侧管理示范企业（园区）推荐与评审工作，广泛征集工业领域电力需求侧管理产品（技术）以及企业和园区先进案例。2016年工业和信息化部发布《工业领域电力需求侧管理专项行动计划（2016—2020年)》，提出制定电力需求侧管理工作指南、建设管理平台、推进示范推广、支持技术创新及产业化应用、加快培育电能服务产业等任务措施。

（四）火电机组供电煤耗持续下降

火电行业积极推进综合节能改造，不断降低自身煤耗和厂用电率，节能效果显著。火电企业通过实施汽轮机通流部分改造、电机变频、锅炉烟气余热回收利用、供热改造等节能技术改造，供电煤耗不断下降。如图 8 - 2 所示，截至 2016 年底，中国火电机组平均供电标煤耗下降到约 312 克标煤/千瓦时，比 2010 年下降 21 克，比 2005 年下降 85 克。目前，中国平均供电煤耗仍高于日本（306 克标煤/千瓦时）、韩国（300 克标煤/千瓦时）等效率最高的国家，但已达到世界发达国家的平均水平，而且仍在逐年下降。

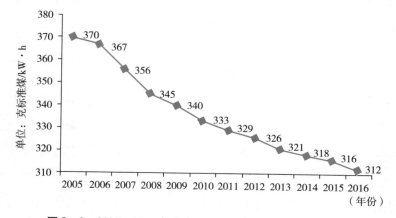

图 8 - 2　2005—2016 年火电机组平均供电标煤耗变化情况

资料来源：中国电力企业联合会、国家统计局，2017 年 1 月。

（五）超低排放改造快速推进

2015 年 12 月，国家在修订燃煤电厂大气污染物排放标准的基础上进一步提出全面实施燃煤电厂超低排放，即在基准氧含量 6% 条件下，燃煤电厂实现烟尘、二氧化硫、氮氧化物排放浓度分别不高于 $10mg/m^3$、$35mg/m^3$、$50mg/m^3$，较此前执行的排放限值（$30mg/m^3$、$100mg/m^3$、$100mg/m^3$）明显更严格。全国各地掀起燃煤电厂超低排放改造热潮，截至 2016 年 12 月，陕西省关中地区 36 台 30 万千瓦及以上煤电机组（装机容量共计 1564 万千瓦）全部完成超低排放改造任务，比原计划提前了一年；北方地区已完成超低排放改造 1.3 亿千瓦，可减少烟尘、氮氧化物、二氧化硫排放分别为 4.9 万吨、24.6 万吨、14.4 万吨。

第二节　典型企业节能减排动态

一、中国国电

（一）公司概况

中国国电集团公司（以下简称"中国国电"）于 2002 年 12 月 29 日成立，是以发电为主业的大型综合性电力集团。中国国电主要从事以下业务：电源的开发、建设、投资、经营、管理，组织电（热）力生产、销售；发电设施、煤炭、新能源、环保、交通、高新技术、信息咨询、技术服务等电力相关的投资、建设、经营和管理；国内外投融资，开展外贸流通经营、对外劳务合作、对外工程承包等业务。中国国电于 2010 年入围世界 500 强企业，2016 年位列第 345 位。

近年来，中国国电深入贯彻落实科学发展观，电源结构和产业布局不断优化，综合实力显著增强。截至 2015 年 12 月底，中国国电可控装机容量为 1.35 亿千瓦，煤炭产量达到 6218 万吨，资产总额 7863 亿元，全年实现利润 227.4 亿元，产业遍布全国 31 个省、自治区、直辖市。投资继续向大型清洁高效火电机组以及清洁能源、可再生能源倾斜，60 万千瓦及以上火电机组占比约为 49%，清洁能源、可再生能源装机比重达到 30%，风电装机达到 2300 万千瓦，风电装机容量继续全球领跑。中国国电下属节能环保板块技术力量雄厚，节能环保装备制造产业在发电行业处于领先地位，累计承担科技支撑计划、"973""863"等国家级科研项目 19 个，拥有 2100 多项专利。

（二）绿色发展

中国国电将打造"绿色国电"作为企业发展目标和愿景，通过转变理念、创新技术、调整结构和细化管理，不断提升节能减排能力和绿色发展水平。中国国电将绿色理念融入企业发展战略和日常管理，将节能环保作为一项核心竞争力来重点培育，把节能环保融入生产、经营全过程和全领域，在各个电厂设计、建设、运营、关停等全生命周期各个环节都坚持以节能环保为引领，并与下属企业签订了节能减排目标责任书。中国国电所属的各个电厂，在运营过程中严格落实大气、水、噪声和固体废物污染防治措施，通过实施清洁生产技术改造和精细化管理，强化资源能源高效、循环利用，降低能耗物耗水平，持续削减污染物排放总量，不断推进绿色电厂、"绿色国电"建设进程。

中国国电以转型升级作为推动节能减排的重要抓手，在火电产业方面通过优化增量、改造存量，进一步提升高效火电机组比例，淘汰落后产能的同时大力提升清洁能源、可再生能源比例。除个别热电联产机组外，中国国电停止新建 60 万千瓦以下火电机组，重点发展 60 万千瓦及以上大容量清洁高效节能环保机组。积极拓展储备优质项目，建设一批超低排放、超低能耗的先进项目，2015 年 9 月 25 日建成投产的泰州二期 3 号机组是世界首台百万千瓦级二次再热燃煤发电机组，机组发电效率达到 47.8%，比国内百万机组最优水平高 1.2%，发电煤耗为 256.8 克标煤/千瓦时，比同期世界最好水平低 6 克标煤/千瓦时，二氧化硫、氮氧化物、烟尘排放浓度均优于超低排放指标限值，代表了世界领先的燃煤发电技术。

中国国电通过强化绿色技术创新，引领电力行业绿色发展。中国国电拥有等离子点火、低氮燃烧、湿式除尘、电袋除尘、双循环湿法脱硫、SCR 与 SNCR 脱硝等全系列成熟污染减排技术，在火电行业广泛应用。中国国电依托所属国电科学技术研究院、国电科技环保集团等科研技术单位，研发推广应用纯凝与背压混合运行供热、湿式电除尘、高频电源等自主技术和装备。榆次、东胜等机组利用热泵和背压供热技术,平均供热能力提升 35%,煤耗降低 15 克标煤以上。中国国电下属烟台龙源电力研制成功特殊的低氮燃烧器,能够大幅降低 W 型火焰炉烟气中的氮氧化物浓度,显著节省改造投入和运行成本。烟台龙源电力的等离子点火技术累计装机容量超过 2.76 亿千瓦,国内市场占有率高达 90%,在俄罗斯、韩国等国家也有应用业绩。

(三)节能减排投入与效果

中国国电累计投入 230 亿元用于燃煤发电机组节能减排技术改造,先后完成了 850 项重大节能技术改造(主要包括热电联产改造、通流改造、辅机变频、汽轮机冷端优化、治理热力系统内外漏等),对 88 台机组实施脱硫提效技术改造,对 152 台机组实施脱硝技术改造,对 101 台机组实施除尘技术改造。应用综合集成的先进环保技术,完成常州 1 号、泰州 2 号机组等环保技术改造示范项目,达到超低排放限值。

截至 2015 年底,脱硫、脱硝装机占比均达 100%,2126 万千瓦机组达到超低排放要求,全面完成环保改造任务和治理目标。2015 年,中国国电二氧化硫排放量为 37.56 万吨,比 2014 年减少 13.94 万吨,降幅达到 27 个百分点;氮氧化物排放量为 48.76 万吨,比 2014 年减少 14.14 万吨,下降为 22 个百分点;供电煤耗为 310.4 克标准煤/千瓦时,比 2014 年下降 2.4 克。

二、中国华能

(一)公司概况

中国华能集团公司(以下简称"中国华能")成立于 1985 年,注册资本 200 亿元,在全国及海外拥有全资及控股装机容量位居世界第一。主营业务为:电源的开发、建设、投资、经营和管理;电(热)力生产及销售;金融、煤炭、新能源、交通、环保相关产业和产品的开发、建设、投资、生产、销售等。中国华能于 2009 入围世界 500 强企业,2016 年位列第 217 位。

截至 2015 年底,中国华能境内外全资及控股电厂装机容量达到 16063 万千瓦,其中水电 2089 万千瓦、火电 12348 千瓦、风电 1508 万千瓦、光伏 117 万千瓦,分别比 2014 年增长 2.2%、4.1%、31.0%、37.6%,可再生能源装机容量增速明显高于火电，低碳清洁能源比重达到28.8%。

（二）绿色发展

中国华能大力发展水电、核电、风电、太阳能发电等清洁能源，推进装机结构优化调整；积极实施燃煤机组超低排放等环保技术升级改造，持续提升清洁生产水平；不断加强节能精细化管理，研发应用先进高效节能技术，供电煤耗不断下降；强化科技创新力度，加强前沿节能减排新技术的开发与应用，促进生产方式转变，推动公司绿色发展。

中国华能积极发展新能源。加快发展清洁能源和可再生能源，大力发展风电、水电和太阳能发电，积极发展核电，因地制宜开发其他清洁能源和可再生能源发电项目。2015 年，水电装机容量突破 2000 万千瓦，达到 2089 万千瓦；风电装机容量已突破 1500 万千瓦，并保持快速增长势头。另一方面，积极推动传统能源清洁发展。"十二五"期间，中国华能加快淘汰高消耗、高排放的小机组，不断提升传统能源清洁高效利用水平，优化开发、建设大容量、高效率、低排放的超临界、超超临界燃煤机组，积极发展热电联产机组。持续推进燃煤机组节能环保技术改造，不断降低机组能耗和污染物排放，推动企业走绿色发展道路。2015 年，中国华能百万千瓦超超临界机组装机容量位居全国首位，超临界、超超临界纯凝及热电联产机组占煤电比重超过 70%。

（三）节能减排投入与效果

2015 年中国华能全年节能环保改造投入 62.6 亿元，"十二五"期间节能环保改造资金累计投入达 347 亿元，有力地推动了企业节能环保水平提升。2015 年中国华能供电煤耗为 305.78 克标煤/千瓦时，比 2014 年下降 4.22 克，达到世界先进水平。厂用电率为 4.24%，比 2014 年下降 0.16 个百分点（见图 8-3）；单位发电水耗 1.04 千克/千瓦时，比 2014 年下降 0.11 千克/千瓦时（见图 8-4）。2015 年脱硫、脱硝、除尘机组容量占比分别达 99.47%、99.37%、100%，二氧化硫、氮氧化物、烟尘排放绩效值比 2010 年分别下降 71%、83%、69%，燃煤机组节能环保水平显著提升。

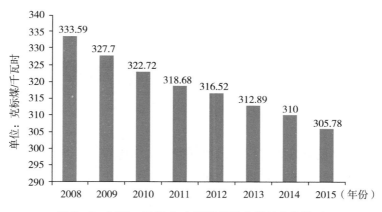

图 8 - 3　2008—2015 年中国华能供电煤耗变化情况

资料来源：中国华能 2012、2013、2014、2015 年可持续发展报告，2016 年 6 月。

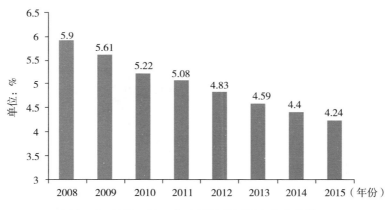

图 8 - 4　2008—2015 年中国华能厂用电率变化情况

资料来源：中国华能 2012、2013、2014、2015 年可持续发展报告，2016 年 6 月。

第九章 2016年装备制造业节能减排进展

装备制造业是制造业的核心组成部分，是国民经济发展和国防建设的基础，是工业转型升级的重要推动力量。当前，我国很多装备产品产量连续多年稳居世界首位，已进入世界装备制造大国行列，但从整体来看，我国装备制造业仍然大而不强。装备制造业一方面是国民经济的基础性支柱产业，但同时又是资源浪费和环境污染的主要来源，如何提高资源利用效益、加强资源再生利用、减少环境污染是装备制造业面临的重要问题。广西玉柴、中国船舶典型企业在节能减排方面表现突出。

第一节 总体情况

一、行业发展情况

当前我国装备制造业运行整体进入中速增长期，同时正朝着智能化、绿色化、协同化和服务化等方向转型发展，在《中国制造2025》、"一带一路"和国际产能合作等战略方针路线引领下，智能制造、绿色制造、服务型制造、先进装备制造等多个领域迎来了良好的发展机遇。根据《2015年国民经济和社会发展统计公报》，2015年我国装备制造业增加值增长6.8%，占规模以上工业增加值的比重达到31.8%。根据国家统计局发布的全国规模以上工业企业统计数据，2016年1—11月，装备制造业利润同比增长10%，增速同比提升5.5个百分点；装备制造业投资增长3.7%，其中计算机、通信和其他电子设备制造业增长14.7%，电气机械及器材制造业增长12.8%。从细分行业增加值同比变化情况看（见表9-1），2016年1—11月8个细分行业中有6个行业增加值增速同比加快，其中汽车制造业增加值累计同比增长15.5%，增速同比加快9.4个百分点，带动装备制造业整体保持稳步增长态势。

表9-1　1—11月装备制造业细分行业增加值累计增长率

行业	2015年1—11月增加值累计增长（％）	2016年1—11月增加值累计增长（％）
金属制品业	7.5	8.5
通用设备制造业	3.1	5.7
专用设备制造业	3.4	6.5
汽车制造业	6.1	15.5
铁路、船舶、航空航天和其他运输设备制造业	7.1	3.8
电气机械及器材制造业	7.2	8.6
通信设备、计算机及其他电子设备制造业	10.8	9.6
仪器仪表制造业	5.3	9

资料来源：国家统计局，2017年1月。

二、行业节能减排主要特点

装备制造业一方面是国民经济的基础性支柱产业，但同时又是资源浪费和环境污染的主要来源，如何提高资源利用效益、加强资源再生利用、减少环境污染是装备制造业面临的重要问题。我国高度重视装备制造业的节能减排工作，《中国制造2025》将绿色制造工程作为重点实施的五大工程之一，工信部发布《绿色制造工程实施指南（2016—2020年)》，绿色制造已成为引领我国装备制造业转型升级的重要战略。

（一）装备制造业节能减排重点领域

装备制造业节能减排工作主要涉及以下几个方面：一是装备产品生产制造过程的节材、节能、减排，包括在零件成形、切削、装配等加工生产环节中减少原材料和能源消耗，以及避免或减少废气、废液、固体废物等污染物的产生和排放。二是装备产品使用周期的节能减排，主要包括装备产品轻量化、使用过程能效提升、污染排放减量化及降低报废处置的环境影响等。三是研发生产节能环保装备，为环境保护事业和环境质量改善提供技术装备。

（二）绿色发展整体水平与发达国家差距较大

我国装备制造业加工精度低，废品率高，原材料及能源消耗大。铸件尺寸精度低于国际先进水平1—2个等级，加工余量多出1—3个等级，废品率平均高出5%—10%。我国锻造行业单位产值能耗约为国际先进水平的3倍，锻造行业材料综合利用率比国外先进水平低4%—10%，国内大中型企业模锻件原材料利用率一般为73%—78%，日本丰田公司模锻件原材料利用率为76%—93%。我国热处理每吨工件平均能耗约为660千瓦时，国外先进国家平均低于450千瓦时。我国装备制造业污染物排放强度大，长期难以摆脱能耗高、污染严重的弊端，吨铸铁件能耗比发达国家高约60%，每吨锻件能耗比发达国家高47%，热处理吨工件能耗为国际先进水平的1.4倍，吨合格铸件与锻件主要污染物排放量均明显高于国际先进水平。

（三）基础制造工艺绿色化是装备制造业转型升级的重点方向

基础制造工艺是装备制造业生存发展的基础，直接决定着装备制造业的绿色发展水平以及装备产品的质量、性能和可靠性。一是精密制造。毛坯制造工艺向精密成形方向发展，形状、尺寸精度从粗放到近净成形，毛坯已达到或接近零件最终形状及尺寸，经过简易磨削后即可装配，减少后续加工过程，有效降低加工余量，实现绿色、节材。如汽车罩横梁传统工艺由70个钢质材料零件经焊接或机械紧固件连接制成，而采用压铸镁合金直接成形工艺，汽车罩横梁被集成为一个整体，比传统工艺钢制汽车罩横梁减重30%，并拥有5星级安全等级。二是短流程、无废制造。基础制造工艺绿色化的另一个重点方向是短流程生产，如增材制造、数字化无模铸造等典型短流程绿色制造技术。无废制造即加工过程不产生废物，或产生的废物被用作原料全部利用，典型的无废制造技术如微量润滑切削、干式切削加工、低温微量润滑切削等技术。三是产品轻量化。主要通过采用薄壁化、轻量化成形工艺和轻量化材料来实现。以汽车零部件制造为例，通过使用轻金属、高温合金、复合材料等高强韧度材料，如镁合金替代铸铁、钢材可减重60%—75%。汽车自重每降低10%，燃油消耗可减少6%—8%，污染物排放量可降低5%—6%。

第二节　典型企业节能减排动态

一、广西玉柴

（一）公司概况

广西玉柴机器集团有限公司（以下简称"玉柴集团"）总部位于广西玉林市，始建于1951年，是中国产品型谱最完整、齐全的内燃机制造企业，在广西、广东、山东、安徽、江苏、湖北、辽宁、四川、重庆等地均有产业基地布局。玉柴集团位列2016年中国企业500强排行榜第375位，2016年中国制造业企业500强第185位。玉柴集团以"绿色发展、和谐共赢"为核心发展理念，积极推动转型升级，重点拓展发动机、石油化工、新能源三大产业板块，大力发展物流、金融、玉柴产业新城三大服务平台。

玉柴集团注重技术创新，在南宁和玉林建立了研发基地，拥有内燃机国家工程实验室、国家级企业技术中心、院士专家企业工作站、博士后科研工作站等技术研发机构和队伍，与国内外40多个科研机构合作建立联合研发中心。在发动机技术领域，领先国内同行推出满足国4、国5和欧6排放标准的清洁发动机，为用户提供高性价比的绿色动力机器。玉柴集团拥有授权专利超过2000件，多项技术填补国内空白，节能环保型发动机主要关键技术获得国家科技进步奖二等奖三次。

（二）主要做法与经验

玉柴集团通过构建绿色价值链，把绿色发展理念融入玉柴发动机产品研发设计、采购、生产制造、循环再制造等各个环节，实施绿色价值链战略是玉柴集团践行绿色发展、履行企业社会责任的一种有效的路径和模式。

一是强化绿色研发。玉柴集团重视绿色新产品研发，大力倡导绿色技术创新，加强跟国内外科研机构、院所合作，搭建联合研发平台，不断提升玉柴发动机系统产品的绿色环保绩效水平。2015年玉柴发动机产品燃油耗指标下降到184g/kW·h，接近国际先进水平，噪声指标和有害颗粒物（PM）排放水平已达到国际先进水平。玉柴集团参与了柴油机低噪声设计关键技术及应用项目，在技术应用验证和改进上做出了重要贡献，该项目获国际科技进步二等奖，项目成果已在 YC4F、YC6L 等多个机型上应用，显著地降低了发动机燃烧噪声和结构振动噪声，取得了较好的经济和社会效益。

二是打造绿色供应链。为确保供应商符合玉柴集团绿色发展的要求，玉柴集团严控供应商准入，对 2015 年新申请的 41 家潜在供应商，从设计、制造、检测等 6 个方面进行考察评价。玉柴集团还与 300 多家零部件供应商和非装机物资供应商签署了《环境、职业健康安全管理协议》，每年都要对供应商进行综合评价考核，考核标准包括技术、质量、环境、社会责任等 7 大方面。其中，环境方面的考核条款包括资源消耗、环境认证、绿色采购、绿色办公、危险化学品等。玉柴集团不断整合供应商资源，全年淘汰 10 家考核不合格的供应商，对 138 家供应商的 336 种零部件提出了停车整顿和限期整改。

三是大力推行绿色制造。玉柴集团积极开发推广绿色制造工艺，铸造事业部积极开发废砂再生利用技术，目前废砂再生利用率达到 80% 以上，每年可减少 10 万吨的废砂排放。玉柴股份二发厂设计可重复利用专用磁性板工装，替代成本高、污染大、不可回收的一次性塑料袋，每年可减少约 20 万个塑料袋使用。铸造事业部开发无钳配、免抛光的模具技术，制芯质量得到显著提升。玉柴股份采用单一电炉熔炼淘汰高耗能、重污染的缸盖铸造车间，减少了二氧化硫和烟尘的排放。华原公司开发了多种低耗能、低污染的高性能滤清器产品，能够有效地过滤燃油中的微粒杂质、水分及空气中的颗粒物，使燃油燃烧更充分，提高利用效率。"大中型发动机缸体数字化铸造车间"项目通过数字化、智能化、信息化和网络化，对原生产线进行全面升级，项目实施后预计生产效率提升 20% 以上，不良品率下降 10% 以上，能源利用率提高 10% 以上，生产运营成本下降 20% 以上。

四是发展循环再制造。玉柴集团再制造工业有限公司依托玉柴产品生产及售后市场，采用国际先进的再制造技术积极开展发动机再制造业务，形成了"资源—产品—废品—再制造产品"的循环利用模式。2015 年玉柴集团再制造公司生产再制造发动机 3900 台，高效循环利用金属材料价值超过 2000 万元。发动机再制造业务是玉柴集团绿色价值链战略的重要一环，通过再制造不仅能够节省大量的资源和能源，还能在一定程度上避免或减少废旧发动机对环境的二次污染。

（三）节能减排投入与效果

玉柴集团大力推进节能减排各项工作，严格考核管理，取得显著成效。2015 年单位产品综合能耗 118.41 千克标煤/台套，比 2014 年下降 9.92 千克，降幅为 7.7%；单位产品用水量 2.13 立方米/台套，比 2014 年下降 0.85 立方米，降幅达到 28.5%；单位产品用电量 484.65 千瓦时/台套，比 2014 年下降 153.51 千瓦时，降幅为 24.1%；企业生产过程用煤量降为 0；强化三废再利用，回收废油 187 吨，回用废水 3542 吨，再生利用废砂 60131 吨。玉柴集团联合动力公司通过实施动力电气节能、建筑节能等改造措施，2015 年累计节能约 110 万千瓦时，节省成本 103 万元。玉柴集团铸造事业部通过应用能源在线监控系统，节省能源费用 924 万元，每吨铸件能耗费用同比下降 8.6%。

二、中国船舶

（一）公司概况

中国船舶重工股份有限公司（以下简称"中国船舶"）是经国资委批准，由中国船舶重工集团公司、鞍山钢铁集团公司和中国航天科技集团公司发起设立的股份有限公司。中国船舶是我国最大的海洋防务装备、海洋开发装备、海洋运输装备上市公司，于 2008 年 3 月正式创立，并于 2009 年 12 月在上海证券交易所成功上市。截至 2015 年末，中国船舶市值 1726 亿元，实收资本 183.6 亿元，在职员工约 58000 人，全年营业收入 598.1 亿元，位列 2015 年财富中国 500 强第 98 位，在上榜船舶企业中位居榜首。中国船舶是中国船舶重工集团公司主营业务整体上市平台，目前已形成舰船装备、舰船制造及修理改装、海洋经济产业、能源交通装备和科技产业等四大业务板块。截至 2015 年底，中国船舶舰船完工 47 艘（549 万吨）、改装修理 498 艘，柴油机累计交付 681 台（239 万千瓦），海工装备及公务船交工 17 座（艘），石油钻测采相关设备共交付 31286 台，煤机装备共交付 1905 台，齿轮箱共交付 33579 台，精密金属材料共交付 35481 吨。公司拥有 30 家控股子公司，分布在北京、辽宁、上海、天津、河北、重庆、山东等 12 个省市。

（二）主要做法与经验

中国船舶紧密围绕优化设计、提高原材料利用率、推行绿色制造、实施技术改造、完善环保监察制度等措施，持续加大各子公司节能减排、绿色发展力度，不断提高履行企业社会责任的能力和水平。

一是积极履行环境保护社会责任。在日常生产经营中，中国船舶始终坚持把创造经济、社会、环境综合价值作为发展目标，不断优化企业环境保护社会责任管理模式，积极开展环境保护社会责任管理实践，为推动公司的绿色可持续发展奠定坚实基础。中国船舶将环境保护社会责任履责具体要求分解到各部门、各级子公司，促进履责工作全面落地。同时，公司积极推进环境保护社会责任交流平台与沟通渠道的建设，在门户网站建立"社会责任"专栏，定期发布社会责任报告，公布公司环境保护、绿色发展做法和成效。

二是推进绿色制造。中国船舶主动适应国际新公约、新标准、新规范对船舶产业节能减排的要求，强化科学化、规范化管理，完善绿色造船管理体系，攻克绿色船型、绿色船用动力、绿色配套设备等一批关键技术，进一步优化绿色造船工艺流程，提高原材料利用效率和造船精度，不断提升绿色造船水平。积极推行"绿色拆船"，遵守国内外环境保护相关标准及规范，不断改进优化船舶拆解技术，开发绿色拆船工艺流程，发展针对油船及散货船的绿色拆解方案，攻克了干、浮式绿色拆解工艺流程中的技术难点。通过发展绿色拆船业务，中国船舶拆船产业竞争力得到了显著提升，不断占领国内外拆船市场。

三是开发节能环保绿色装备。中国船舶大力开发节能环保绿色船型及核电、风电、分布式能源供应系统等节能环保装备。中国船舶下属河柴重工融合世界先进设计理念，突破了双燃料发动机绿色关键技术，使双燃料发动机氮氧化物排放、甲烷逃逸率、双燃料替代率等多项重要指标和综合性领先于同类产品；下属的武船集团开发出最新的高端全回转电力推进海工供应船，其船体设计满足清洁设计标准，具有装载能力大、油耗低、适航性好、噪声小、操作灵便等特点，与同功能船型相比在绿色环保上具有明显改进。中国船舶环保装备板块实现了全领域的综合覆盖，涵盖水、大气、固废污染治理、资源综合利用和环境监测等方面，形成了较为完整的环保装备产业链。

（三）节能减排投入与效果

中国船舶强化从源头控制，严格限制高能耗、高污染项目的立项和投资，完善节能环保指标管理机制，加强对重点用能单元能耗数据统计监测，推动能效水平对标管理工作，积极推动节能技术创新和改造。加强各子公司节能减排目标责任落实，不断完善节能减排管理制度体系，加大现场监督力度，积极组织开展"低碳日"和"节能宣传周"等活动。2015 年公司万元产值综合能耗比 2014 年下降 11%，万元增加值综合能耗下降 0.58%。

区域篇

第十章　2016 年东部地区工业节能减排进展

东部地区包括北京、天津、河北、上海、江苏、浙江、福建、山东、广东、海南 10 个省份。2016 年，东部地区节能减排成效显著。北京、天津、河北、上海、江苏、浙江、福建、山东、广东节能工作进展顺利，能耗进一步下降，单位产值能耗持续降低，各省份大气污染物排放量同比均有较大幅度下降，京津冀、长三角、珠三角等重点区域 PM2.5 平均浓度持续下降。上海、浙江、江苏、山东、福建等省市进行了省级的用能权、用能量和节能量交易，试点运行稳定。高技术行业持续发展，高耗能行业增速显著减慢，用能效率提高，结构调整成效明显。废液晶屏资源化技术、"微电网储能应用技术""超低浓度煤矿乏风瓦斯氧化利用技术""生活垃圾无热载体蓄热式旋转床热解成套技术"等节能减排、循环经济、清洁生产技术产业化应用取得了良好效果。宝武集团、超威集团、紫金矿业等大型企业节能减排管理水平进一步提升。

第一节　总体情况

我国东部地区工业发展水平普遍较高，工业结构相对良好，高耗能行业比例相对较低，高技术产业发展较好，广东、北京、上海等省市尤为突出。东部地区资源利用效率总体合理高效，节能工作进展顺利，主要污染物排放持续降低，但京津冀等地大气污染控制仍存在较大需求和挑战。

一、节能情况

根据国务院发布的《"十三五"节能减排综合工作方案》，东部地区能耗总量和强度"双控"目标（见表 10 – 1）显示，东部地区大部分省份"十三五"能耗强度降低目标较高。北京等 8 省市为 17%，高于全国平均水平 2 个百分点；福建为 16%，高于全国平均水平 1 个百分点；只有海南为 10%。

表 10 – 1   "十三五"东部地区能耗总量和强度"双控"目标

地区	"十三五"能耗强度降低目标（%）	2015 年能源消费总量（万吨标准煤）	"十三五"能耗增量控制目标（万吨标准煤）
北京	17	6853	800
天津	17	8260	1040
河北	17	29395	3390
上海	17	11387	970
江苏	17	30235	3480
浙江	17	19610	2380
福建	16	12180	2320
山东	17	37945	4070
广东	17	30145	3650
海南	10	1938	660

资料来源：国务院，2016 年 12 月。

2016 年，东部地区整体能源消耗持续下降，能效水平不断提高。山东、江苏、广东、河北等省份高耗能产业发达，节能任务压力较大。

分省份看，2016 年，北京市规模以上工业单位增加值能耗下降 11%，降幅比上年扩大 2.8 个百分点。工业 39 个行业大类中，有 24 个行业单耗同比下降。高耗能行业中，有色金属冶炼行业、化学原料行业、建材行业单耗保持 15% 以上的较大降幅。非高耗能行业中，汽车制造业、通用设备制造业、医药制造业单耗降幅较大。

2016 年，天津市工业用能水平持续提升，规模以上工业综合能耗下降 6.6%，同比提高 1.4 个百分点；万元工业增加值能耗下降 13.9%，同比提高 0.7 个百分点。同时，能源消费结构进一步优化，规模以上工业中，煤炭消费量同比减少 287.56 万吨，天然气占一次能源消费量达 11.8%，同比提高 2.3 个百分点。

2016 年 1—11 月，浙江省规模以上工业能耗增速继续回落，同比增长

2.1%，增速比1—10月低0.4个百分点。规模以上工业单位增加值能耗同比下降3.8%，降幅比1—10月扩大0.1个百分点。38个行业大类中有21个行业单耗同比下降，其中汽车制造、金属制品等11个行业降幅在5%以上。

2016年，广东省规模以上工业综合能源消费量14564.81万吨标准煤，同比增长2.7%，增幅比上年提高6.7个百分点。轻工业综合能源消费量2423.33万吨标准煤，同比下降1.5%，降幅比上年收窄1.5个百分点；重工业综合能源消费量12141.48万吨标准煤，增长3.6%，增幅比上年提高7.8个百分点。制造业综合能源消费量9217.18万吨标准煤，同比增长6.0%，增幅较上年提高9.7%；六大高耗能行业综合能源消费量11014.42万吨标准煤，增长3.8%，增幅较上年提高了8.7%。

二、主要污染物减排情况

根据国务院发布的《"十三五"节能减排综合工作方案》，东部地区能耗总量和强度"双控"目标（见表10-2）显示，河北、浙江减排任务较重，北京、上海、江苏、山东也有一定压力。大气污染防治方面，京津冀、长三角和山东地区目标严格。

表10-2　"十三五"东部地区化学需氧量排放总量控制计划

地区	2020年化学需氧量减排比例（%）	2020年氨氮减排比例（%）	2020年二氧化硫减排比例（%）	2020年氮氧化物减排比例（%）
北京	14.4	16.1	35	25
天津	14.4	16.1	25	25
河北	19.0	20.0	28	28
上海	14.5	13.4	20	20
江苏	13.5	13.4	20	20
浙江	19.2	17.6	17	17
福建	4.1	3.5	—	—
山东	11.7	13.4	27	27
广东	10.4	11.3	3	3
海南	1.2	1.9	—	—

资料来源：国务院，2016年12月。

2016年，京津冀区域协同减排成果显著，通过淘汰化解落后产能，推进新能源发展，京津冀区域四项主要污染物浓度全面下降，空气质量取得了整体改善。京津冀区域13个城市PM2.5、PM10、SO_2和NO_2的平均浓度分别为71、119、31和49微克每立方米，较2013年相比分别下降33%、34%、55.6%和4.5%，区域平均优良天数比例为56.8%，较2013年相比上升19.2%，区域平均重污染天数则从2013年的76天减少到33天，下降56.1%。河北省强化规范排水规定，排水户向城镇排水管网及其附属设施排放污水，应当申请污水排入排水管网许可，并按照许可的规定排放污染物。对于不按规定排放污染物的排水户，排水主管部门可采取措施要求其限期整改。城镇污水处理设施接纳的工业污水水量不得超过总接纳水量的40%；超过40%的，由当地政府另行组织建设工业污水处理设施。

2016年，山东省大气环境质量和水环境质量分别连续4年和14年同比改善。PM2.5、PM10、SO_2、NO_2平均浓度同比分别下降13.2%、8.4%、22.2%、7.3%，空气质量优良天数比例同比增加了8.4%，达到56.9%；省控重点河流COD和氨氮平均浓度分别同比改善2.7%和10.8%，52个地表水考核断面的水质达到或优于Ⅲ类，水质优良比例达到62.7%；劣Ⅴ类断面数量同比下降59.1%，淮河流域率先全部消除劣五类水体。

2016年，浙江全省221个省控水质断面中，劣Ⅴ类水质断面已由2014年的25个减至6个；全省392个市控断面中，劣Ⅴ类水质断面已由2014年的65个减至27个。切实提高污水处理率、污水处理厂运行负荷率和达标排放率，全力提升城镇污水处理水平。计划在2017年底，城市污水处理率达到92%，城镇污水处理厂全部执行最严格的一级A标准并稳定达标排放；全省新增城镇污水配套管网2000公里，新建、扩建城镇污水处理厂25座，实施城镇污水处理厂一级A提标改造48座，彻底消除劣Ⅴ类水体。

三、用能交易

东部部分地区创新开展了节能量交易试点。江苏省制定出台《江苏省项目节能量交易管理办法（试行）》，建立"江苏省节能量交易平台"，结合国家和省对钢铁、有色、建材、石化和化工等高耗能行业新增产能实行能耗等量或减量置换，先行在苏南地区开展节能量交易试点项目，并逐步扩大至苏中和苏北地区。现已完成交易 25 笔，交易节能量达 6.82 万吨标准煤。

浙江省出台了《浙江省用能权有偿使用和交易试点工作的指导意见》和《浙江省用能权有偿使用和交易试行办法》，选择海宁市、杭州市萧山区、衢州市等 26 个地区开展用能权有偿使用和交易试点，加强对试点地区试点工作的指导，推动试点地区加快建立用能权有偿使用和交易制度。截至 2015 年底，全省已实施用能量交易申购项目 182 个，有偿申购金额 1493 万元。

山东省积极探索开展节能量交易。不断建立完善交易规则和交易制度，组织 11 家企业进行节能量交易，交易节能量 4.34 万吨标准煤。

第二节　结构调整

2016 年，六大高耗能行业增速趋缓，全国六大高耗能行业增加值增速为 5.2%，较上年下降 1.1 个百分点。高技术产业、装备制造业增速加快。2016 年，高技术产业和装备制造业继续快速发展，增加值增速分别为 10.8% 和 9.5%，增速分别高于整个规模以上工业 3.5 和 4.8 个百分点，较上年分别加快 2.7 和 0.6 个百分点。环保装备产量快速增长，环境污染防治专用设备产量同比增长 30.3%，其中大气污染防治设备、水质污染防治设备产量同比分别增长 29.7%、37%。

分地区看，北京市新技术、高技术产业快速发展。2016 年，全市规模以上工业战略性新兴产业中，新能源汽车、新材料产业、生物产业、节能环保产业增加值分别增长 69.3%、12.2%、5.8% 和 5.5%，均快于工业平均增速（5.1%）。制造业稳步增长，保持良好发展，汽车制造业增加值同比增长高达 25.6%；医药制造业同比增长 8.5%，计算机、通信和其他电子设备制造业同比增长为 1.0%。

天津市工业继续稳步发展，制造业继续发挥支撑作用。2016 年，制造业增加值占全市工业的 83.2%，比上年提高 3.2 个百分点；拉动全市工业增加值增长 8.5 个百分点，同比提高 1.5 个百分点。其中，装备制造业增加值占全市工业增加值 36.1%，拉动工业增长 3.7 个百分点，较上年提高 1.6 个百分点。其中汽车制造、航空航天、电气机械、专用设备等行业均实现百分之十以上增长，增长率分别为 11.9%、14.9%、22.3% 和 12.2%。着力推进绿色发展。去产能任务顺利完成，生铁、粗钢、平板玻璃等产量分别下降 15.0%、11.5% 和 1.5%。

河北省工业结构继续优化。1—11 月，规模以上工业增加值中，装备制造业增加值占比为 25.8%，高于钢铁工业 0.2 个百分点。规模以上工业增加值中，六大高耗能行业增加值占比 38.0%。规模以上高新技术产业增加值增长 14.5%，高于规模以上工业整体增速 9.3 个百分点；医药制造业、医疗仪器设备及器械制造、风力发电、太阳能发电、其他电力生产等行业增加值同比分别增长 7.0%、6.2%、19.2%、92.6% 和 24.5%。持续淘汰落后产能，1—11 月较 1—10 月，钢材、平板玻璃及焦炭产量增速分别下降 0.5%，7.1% 及 3.3%。

2016 年，上海市工业生产小幅增长，战略性新兴产业制造业增长较快。全年战略性新兴产业与制造业总产值 8307.99 亿元，同比增长 1.5%，占规模以上工业总产值的比重为 26.7%，同比增长 0.7%。其中，汽车制造业、生物医药制造业呈现增长态势，同比增长 12.6% 和 5.9%；电子信息产品制造业、石油化工及精细化工制造业、精品钢材制造业及成套设备制造业呈下降趋势，同比下降 2.2%、0.3%、5.5% 及 2.6%。

2016 年，浙江产业结构调整稳步推进。规模以上工业中装备制造业、高新技术产业、战略性新兴产业增加值分别增长 10.9%、10.1% 和 8.6%。高耗能行业增加值增长 3.7%，其中钢铁和非金属矿物制品等行业增加值下降 3.0% 和 0.8%。随着产业结构调整和淘汰落后产能工作的推进，规模以上工业节能形势持续向好。

2016 年江苏省工业结构进一步优化，汽车、化工行业产值保持两位数增长，同比分别增长 13.1%、11%，医药、仪器仪表等先进制造业增长较快，2016 年产值分别增长 12.3% 和 14.1%。

2016 年，广东省规模以上制造业累计完成增加值 28791.86 亿元，同比增长 7.2%，比上年提高 0.4 个百分点；采矿业累计下降 6.0%；电力、热力、燃气及水生产和供应业累计增长 5.0%。制造业保持快速增长，其中计算机、通信和其他电子设备制造业、电气机械和器材制造业及汽车制造业分别增长

11.4%、6.6%及14.2%。

2016年,福建省工业经济总体运行平稳,结构调整稳步推进。产能过剩行业贡献率下降,高技术行业贡献率提升。2016年煤炭行业对规上工业增加值贡献率比2015年下降0.9个百分点,有色行业贡献率比2015年下降3.6个百分点;装备工业贡献率为29.0%,比2015年提高6.1个百分点,高技术行业贡献率为15.1%,比2015年提高2.2个百分点。

第三节 技术进步

一、废液晶屏资源化技术及装备

液晶显示屏是电视、电脑及手机电子设备的重要组件,伴随液晶显示屏的广泛应用,据估计,每年有上亿台液晶屏报废,废弃液晶显示屏中含有重金属、持久性有机物等污染物质,若随意丢弃或处置不当,将引发严重的环境问题。2016年9月13日,"废液晶屏智能分离再生关键技术及装备"由格林美循环产业园与上海交通大学、江苏理工学院共同合作研发完成,并通过了科技成果鉴定,列入工信部编制的《工业资源综合利用先进适用技术装备目录》。该项技术涉及废液晶屏的智能分离再生关键技术及装备,主要包括废液晶屏智能自动物理拆解、铟富集回收、液晶真空裂解和电解技术及装备。在废液晶屏解离过程中,不使用任何化学药剂,绿色环保无污染;液晶屏解离率达到100%、铟利用率(回收率)大于90%、电解所得产品符合YS/T257—2009《铟锭》中所规定的质量技术标准要求;该项目解决了废液晶屏资源化利用和无害化处置的难题,成果达到国际先进水平,实现了集成创新,具有良好的示范作用。

二、微电网储能应用技术

储能系统可以调节电能并网质量,提供电能补偿,充当备用电能等作用,储能技术在微电网中的应用,保证了用户电能的质量和供电安全,也同时促进了智能电网及能源互联网的形成。该项技术被列入发改委编制的《国家重点节能低碳技术推广目录》。该项技术可合理配置应用储能系统，减少设备投资，提高设备使用寿命和运行效率，有效提高微电网对可再生和清洁能源接入容量：根据微电网项目特点和实际需求确定储能系统在微电网中的功能定位，通过储能定容方法确定储能系统规模容量，根据方案技术研究确定最优化的系统拓扑结构、关键设备选型和运行控制方案，并提供储能系统安装和运维优化建议。

三、超低浓度煤矿乏风瓦斯氧化利用技术

煤矿通风瓦斯俗称"乏风"，所含甲烷浓度在 0.75% 以下。据统计，我国煤矿每年排放约 150 亿立方米甲烷，其中 80% 来自矿井乏风，其产生的温室气体效应约为 2 亿吨二氧化碳当量。乏风的资源化利用既获得了能源又减轻了环境问题，具有重要意义。该技术原理为采用逆流氧化反应技术对煤矿乏风中低浓度的甲烷进行氧化反应处理，产生的热量供给蒸汽锅炉系统，产生饱和蒸汽用于制热或产生过热蒸汽发电。该项技术特色在于通过排气蓄热、进气预热、进排气交换逆循环，实现通风瓦斯周期性自热氧化反应。同时，通过采用适合在周期性双向逆流冷、热交变状态下稳定可靠提取氧化床内氧化热量的技术。该项技术已在邯郸矿业集团有限公司聚隆煤矿示范运行，煤矿行业 5% 的范围适用该项技术，预计可年减排二氧化碳 37 万吨。

四、生活垃圾无热载体蓄热式旋转床热解成套技术

生活垃圾无热载体蓄热式旋转床热解成套技术为神雾集团自主研发，拥有完全自主知识产权的生活垃圾热解新工艺，并通过工信部科技成果鉴定。该项技术减少了废气中污染物的排放，抑制了二噁英的产生，并不会产生飞灰，该项技术在污染控制、能源转化率、运行成本、经济效益等方面优于垃圾焚烧处理工艺，具有很高的商业应用价值。该项技术在河北霸州进行了一年的示范运行，年热解处理垃圾达 6 万吨，工业设备运行高效稳定，旋转床热解炉效率达 80% 以上，设备作业率达到 95% 以上，经济和社会效益显著，实现了垃圾资源化高效利用。

第四节 典型用能企业节能减排

一、中国宝武钢铁集团有限公司

中国宝武钢铁集团有限公司，是由上海宝钢集团和武汉钢铁集团合并重组后于 2016 年 12 月成立的钢铁行业龙头企业。集团以钢铁为主营业务，生产普碳钢、不锈钢、特钢等三大系列钢材和高端钢铁制品，年产粗钢规模居全国之首，世界排名第二。集团秉承"创新、协调、绿色、开放、共享"的发展理念，不断探索提升钢铁产业向绿色、高技术方向发展。集团作为国有资本投资公司，是践行精品制造，钢铁生态发展的示范单位。

（一）加快清洁生产与节能环保技术创新

不断研发清洁生产与废物综合利用技术。成功突破了焦炉荒煤气显热回收工业应用技术瓶颈，研发出一套具备荒煤气回收技术，有效降低了焦炉工序能耗；研发出了烧结废气循环利用成套技术，并实现产业化应用，该项技术成果入选工信部主编的《工业清洁生产关键共性技术案例（2015 年)》。

（二）探索环保技术和钢铁生产技术的融合

废油漆桶无害化处置技术。集团通过技术开发，开创了利用转炉处置废旧油漆桶的资源化处置技术。通过源头控制油漆桶内的残余液体，与过程状态监控，及烟气检测管理和钢水质量管理制度，既妥善处置了废油漆桶，同时也保证了钢水质量。截至 2016 年底，该项技术成功运用于"城市废弃油漆涂料桶试点"，处置量为每年 8000 吨。有效缓解了上海废油漆桶处置能力不足等问题，践行了城市钢厂与城市和谐发展理念。

（三）改造、提标末端处置水平

加强末端治理，减少污染排放。在废气治理方面，研发烧结烟气一体化治理技术，脱硫、脱硝、脱二噁英率达 98%、40%、97% 以上。针对二噁英控制问题，开发了回转窑活性硅吸附二噁英治理技术，尿素抑制烧结二噁英排放治理技术。在固废处置方面，提标改造原有回转窑焚烧处置工业含油固废设施。改造后，年处置含水含油污泥及其他可燃固废能力2万吨，并达标上海市环保标准，工艺产生的烟气和灰渣，基本实现了生产再利用，达成了无害化、减量化、资源化的三重目标。

二、山东超威电源有限公司

超威集团创建于1998年，主营业务为动力和储能电池的研发生产，是国家重点高新技术企业，中国企业500强之一，于2010年成功在香港主板上市。集团使命标定为"倡导绿色能源，完美人类生活"，积极推行清洁生产，并通过科技创新来推动能源行业发展。公司曾荣获"中华宝钢环境奖"，并获评世界环保与新能源产业中国影响力100强等荣誉称号。

（一）发展循环经济，开发新能源技术

超威集团秉承绿色发展理念，开拓创新，自主研发了大量清洁生产与循环利用技术。其中代表性技术为原子经济法回收铅技术，该项技术开创了"湿法"铅回收技术，终结了"火法"的高污染问题，并将铅回收利用率提高达到99%，同时实现了污染减排和铅资源化利用。在新能源电池技术方面，集团大力研发锂离子电池等新能源，不断推动我国绿色能源产业的发展。

（二）着力减排，清洁生产末端治理结合

针对电池生产过程中的烟尘、废气污染，集团通过采用全自动装配线，优化生产流程和设备定位，从源头上减少了铅烟尘的产生，进而缩短了集气管道长度，提高了集气效率。根据《铅酸蓄电池准入条件》要求，集团对废气、烟尘采取了两级以上处理工艺，应用袋式除尘、静电除尘、静电布袋联用、酸雾物理捕捉与碱液逆流洗涤技术等有效控制了生产过程中烟尘、废气的排放。针对废水污染，应用混凝沉淀法，保证了铅离子浓度，及SS等出水水质达标。

三、紫金矿业集团股份有限公司

紫金矿业集团股份有限公司成立于1993年，是以黄金及金属矿产资源勘

查和开发为主的大型矿业集团，中国500强企业。2008年4月，完成A股上市，2015年，营业收入达743.04亿元。公司注重科技开发与环境保护，先后承担国家科技支撑计划、"863""973"等科技计划项目，紫金山金铜矿成为首批国家矿产资源综合利用示范基地。紫金矿业坚持"要金山银山，更要绿水青山"的理念，积极推行绿色矿山和生态文明建设，不断提升资源综合利用和能效水平。

（一）科学管理使用氰化钠

氰化钠是黄金生产过程中重要的化学助剂，该物质具有较高的生物毒性，在生产过程中需要进行严格管控与科学应用。公司参照国际先进的氰化物管理技术和标准，严格安全管理规范：（1）采用先进生产技术和工艺，优化操作系统，以减少氰化物使用，使氰化物在尾矿中的残留量降到最低水平；（2）强化内部管理，加强对野生动植物、地表及地下水等的监测；（3）依法依规采取的技术和发布的相关环保信息，消除公众对企业使用氰化钠的疑惑；（4）对不再使用的含氰包装物或设备、设施，根据所在国相关法规规定，完善处理流程和技术措施，确保人体健康、野生动植物以及家畜的安全。

（二）发展循环经济，推进节能减排

公司秉承"科技为本"理念，在低品位资源规模化利用、湿法冶金、地质矿产勘查方面不断技术攻关，科技创新，逐步形成资源利用最大化、污染废物减量化的循环经济产业链体系。同时，公司注重清洁生产，截至2015年底，集团共有29家权属企业通过清洁生产审核。公司内部组织开展了创建节约型企业活动，完善节能减排组织管理、实行统计监测和考核奖惩体系，有效降低了企业综合能耗水平。集团母公司工业增加值能耗仅为0.444吨标准煤/万元（全工序用能），是福建省2014年工业增加值能耗（0.846吨标准煤/万元）的51.4%。

（三）生态恢复与生物多样性保护

公司在矿山开发过程中因地制宜，按照"稳定一块，恢复一块"的方式，因地制宜、循序渐进做好植被恢复工作，采用"分层治水、截短边坡、土壤改良、植物选择"工程措施与生物措施并举的快速植被恢复技术，对堆场、废渣、尾矿边坡等进行综合整治。截至2015年，集团下属的紫金山金铜矿、武平紫金、铜陵紫金、阿舍勒铜业等 9 家矿山获评"国家级绿色矿山试点单位",紫金铜业被确定为国家水土保持生态文明工程和国家首批工业产品生态设计试点企业。2015 年度,公司投入生态水保资金 5011.48 万元,恢复植被 139.4 公顷,自有统计以来累计投入 10.1 亿元,恢复植被 1514.9 公顷,种植各类树木 375.85 万株。

第十一章　2016 年中部地区工业节能减排进展

中部地区包括山西、安徽、江西、河南、湖北，湖南 6 省。2016 年，中部地区节能减排收效良好，节能工作进展顺利，能耗进一步下降，大气污染物排放量同比持续下降。高技术行业继续快速发展，高耗能行业比重有所下降，结构调整有待进一步加强。兴发化工集团、河南能源化工等大型企业技能减排管理水平进一步提升，节能减排成效显著。

第一节　总体情况

一、节能情况

根据国务院发布的《"十三五"节能减排综合工作方案》，中部地区能耗总量和强度"双控"目标（见表 11 - 1）显示，中部地区"十三五"能耗强度降低目标较高，除山西下降 15% 外，其他省份均为 16%，高于全国平均水平 1 个百分点。

表 11 - 1　"十三五"中部地区能耗总量和强度"双控"目标

地区	"十三五"能耗强度降低目标（%）	2015 年能源消费总量（万吨标准煤）	"十三五"能耗增量控制目标（万吨标准煤）
山西	15	19384	3010
安徽	16	12332	1870
江西	16	8440	1510
河南	16	23161	3540
湖北	16	16404	2500
湖南	16	15469	2380

资料来源：国务院 2016 年 12 月。

分省份看，2016年，山西省节能任务完成总体良好，结合节能目标完成情况晴雨表分析，前三季度全省11个市中，2个市预警等级为一级，9个市预警等级均为三级。在去产能、减量化生产方面，全年全省规模以上原煤产量81642万吨，同比减少13716.2万吨，下降14.4%；规模以上钢材产量4279万吨，同比减少38.9万吨，下降0.9%。

2016年，河南省节能降耗形势良好，全省全年单位工业增加值能耗降低率10.98%。去产能方面力度继续加大，2016年全省生铁、水泥、电解铝产量分别下降0.7%、4.5%、4.7%。

2016年，湖北省能源消耗不断下降，在产出增加的情况下，全省的能源消耗进一步降低。全年单位工业增加值能耗下降8.25%。湖北省坚持去产能工作，全省全年压减钢铁产能338万吨、煤炭产能1011万吨，一年超额完成三年任务。全年平板玻璃产量下降2.3%、有色金属产量下降9.6%。

2016年，湖南省综合能源消费量为5946.23万吨标准煤，同比下降1.5%，规模工业能耗降幅逐步收窄。高耗能行业的能源消费占比维持高位，2016年，六大高耗能行业综合能源消费量为4712.59万吨标准煤，同比下降1.7%，占规模工业能耗的比重为79.3%，从2013—2016年六大高耗能行业能耗占规模工业能耗的比重看，始终维持在78%—80%，近两年占比较之前有所上升，说明短时间内难以改变高耗能行业能源消费占比大的状况，淘汰落后产能，调整产业结构仍面临较大压力。

二、主要污染物减排情况

根据国务院发布的《"十三五"节能减排综合工作方案》，中部地区能耗总量和强度"双控"目标（见表11-2）显示，山西、河南减排任务较重，安徽、湖北、湖南也有一定压力，江西任务相对较轻。

表 11-2   "十三五"中部地区化学需氧量排放总量控制计划

地区	2020 年化学需氧量减排比例（%）	2020 年氨氮减排比例（%）	2020 年二氧化硫减排比例（%）	2020 年氮氧化物减排比例（%）
山西	17.6	18.0	20	20
安徽	9.9	14.3	16	16
江西	4.3	12	18	12
河南	18.4	16.6	28	28
湖北	9.9	10.2	20	20
湖南	10.1	10.1	21	15

资料来源：国务院，2016 年 12 月。

分省份看，2016 年，湖北省 PM10 平均浓度同比下降 14.1%，较 2013 年下降 9.6%；PM2.5 同比下降 16.9%。全省 17 个市州 PM10、PM2.5 年均浓度均同比下降，全省仅神农架达到《环境空气质量标准》二级标准；部分地区 PM10 年均浓度较 2013 年不降反升，全省减排任务仍需再接再厉，政府同时给予了生态补偿资金奖励。

2016 年，河南省大气污染防治经过不懈努力，取得一定成绩，全省全年 PM10 平均浓度 128 微克/立方米，同比下降 5.2%；PM2.5 平均浓度 73 微克/立方米，同比下降 8.8%；全年优良天数 196 天，比上年增加 13 天。

2016 年 1—10 月，湖南省 11 个市达标天数平均为 226 天，优良天气比例为 75.9%；PM2.5 与上年平均浓度相比下降 12.5%，这两项约束性指标均达到了进度要求，减排形势良好。

第二节 结构调整

2016 年，中部地区经济形势企稳，高技术、装备制造业等继续快速增长，高耗能产业平稳下降。

2016 年，山西省工业经济企稳，工业结构缓慢调整，煤炭工业增加值同比下降 3.1%，冶金增长 5%，焦炭工业增长 15.3%，装备制造业增长 6.5%，医药工业增长 7.3%。

2016年，安徽省工业经济继续保持快速增长，增速为8.8%，装备制造业、高新技术产业增速分别为12.9%与16.7%，高于总体增速4.1与7.9个百分点。装备制造业支撑作用增强，对全部规模以上工业增长的贡献率升至52.2%。

2016年，河南省装备制造业较快增长，工业发展逐步深化，装备制造业产值同比增长12.7%，占全省工业总产值16.6%，增速较全省工业高出4.7个百分点。产品结构由原材料生产向制成品发展，全省铝工业中铝材产量分别增长在20%左右，而原材料铝产量下降5%左右。

2016年，湖南规模工业增加值同比增长6.9%。制造业增长快于全省平均水平，制造业增加值同比增长7.3%，比全省平均水平高0.4个百分点；电力热力燃气及水的生产和供应业增加值增长6.2%；采矿业增加值同比下降3.8%。高加工度工业和高技术产业占比提高，高加工度工业增加值同比增长10.6%，增加值总量占全省规模工业的38.0%，同比提高0.8个百分点。高技术产业增加值增长11.4%，增加值总量占全省规模工业的11.2%，同比提高0.7个百分点。

2016年，湖北省汽车、计算机通信设备、农副食品加工、医药制造行业分别增长13.9%、11.0%、8.9%、10.0%，均高于工业经济增长平均水平。

2016年，江西省经济平稳运行。前三季度，全省规模以上工业同比增长9.1%，计算机、通信和其他电子设备制造业增势较好，增长23.6%，对工业增长的贡献率达13.2%，汽车制造业增长13.7%，对工业增长的贡献率为5.6%。去产能成效显现。部分传统产业和过剩行业产能有所下降。从产值看，前三季度，煤炭开采和洗选业、非金属矿物制品业、黑色金属冶炼和压延加工业等三大行业增加值占规上工业的12.1%，同比下降0.6个百分点；六大高耗能行业占规上工业的36.4%，同比下降1.9个百分点。从产量看，前三季度，原煤产量下降21.5%，粗钢产量下降0.2%，钢材产量增速同比回落1.7个百分点。

第三节 技术进步

一、住宅产业化技术

住宅产业化就是以工业化生产方式建造住宅，该项技术的建筑模式属于模块化建筑：在工厂先将混凝土预制件、叠合楼板等部品部件制作好，然后再运至工地现场，以吊机盖楼的方式来操作。与传统建筑方式相比，该项技术实现了"五节一环保"，即节水80%、节能70%、节时70%、节材20%、节地20%，让资源利用由粗放向节约集约转变。该项技术代表企业为长沙远大住宅工业集团股份有限公司。据推测，我国每年新增建筑面积超过20亿平方米，预计可消耗世界40%的水泥和钢材；另一方面，建筑垃圾已成为重要环境问题，城市垃圾中40%与建筑有关；在《"十三五"节能减排综合工作方案》中，建筑节能减排被列入重点实施领域，因此，建筑工业化发展具有重大意义。

二、苎麻生态高效纺织加工关键技术及产业化

苎麻纤维是重要的纺织原料，苎麻植物本身具有保持水土和土壤生态修复的能力，我国是世界最大的苎麻产国，产量占世界总量的90%以上，对苎麻纤维的高效、绿色生产具有重要意义。苎麻生态高效纺织加工关键技术由湖南华升集团联手东华大学、湖南农业大学共同研发完成，并获评国家科学技术进步二等奖。该项技术涵盖苎麻新品种培育、纤维脱胶、光洁化纺纱、织物染整等技术，目前已建成2条产业化生产线，技术减少了脱胶时间，降低了能耗，减少了化学需氧量的排放，降低了用碱量，创造了巨大的经济效益和社会效益。

三、基于厌氧干发酵的秸秆/生活垃圾多联产技术

该项技术以城镇生活垃圾和农作物秸秆为原料，采用厌氧干发酵工艺制

备沼气，经提纯后生产生物天然气；厌氧发酵后产生的沼渣经干化后，与生活垃圾中分选出的可燃物混合制成垃圾衍生燃料用于热电联产。该项技术有效地资源化利用了城镇生活垃圾、秸秆及畜禽粪便等有机固体废弃物，预计可每年处理生活垃圾及秸秆总量 8.7 万吨，生产 350 万立方米生物天然气，发电 1840 万千瓦时，供热 3.9 万吉焦，并可减少 185 吨二氧化碳排放。该项技术已收入《国家重点节能低碳技术推广目录》。

四、富含一氧化碳的气态二次能源综合利用技术

该项技术通过新型高效专用吸附剂富集废气中的一氧化碳，再经过降压、置换冲洗、解吸实现一氧化碳的分离提纯，从而实现了碳减排与能源综合利用。该项技术可应用于钢厂尾气、电石炉气尾气、垃圾焚烧尾气等处置，曾获国家技术发明奖二等奖，并列入《国家重点节能低碳技术推广目录》。一氧化碳产品气纯度可达 99%，收率达 85%。

第四节　典型用能企业节能减排

一、铜陵有色金属集团股份有限公司

铜陵有色金属集团股份有限公司于 1992 年成立，公司主营铜金属采选、冶炼、加工、贸易等一体化产业链。公司于 1996 年 11 月在深交所上市，连续被评为中国 500 强企业。公司坚持创新驱动，加快调结构、转方式、促升级步伐，建设一流的阴极铜生产基地、铜基新材料加工基地、资源综合利用示范基地，力求打造全球知名的"铜冠"品牌。

（一）加强环保管控，发展余热回收

集团 2015 年完成环保投入 1.1 亿元，用于选矿废水处理、天然气改造、清污分流雨污分流等项目改造工作。淘汰落后生产工艺、设备设施，推行清洁生产，脱硫系统烟气二氧化硫收集率达 100%，脱硫效率达 99.44%，综合脱硫效率达 90%，全年全硫捕集率 98.5% 以上，工业固废处置利用率达标

率、危险废物安全处置率100%。集团大力投入节能技术改造，年投资达数千万元；发展余热回收，2015年余热蒸汽回收110多万吨，余热发电量2000万千瓦时。

（二）科技创新促进绿色发展

集团坚持科技创新推进绿色发展，联手北京矿冶研究总院等科研机构开发系列先进环保科技技术。其中，代表性的复杂稀贵金属物料多元素梯级回收关键技术，荣获国家进步二等奖。该项技术对包括生产副产品、污泥在内的复杂原料进行稀贵金属回收，适用性广，生产价值高，处于国家领先水平。铜炉渣结晶—解离过程优化控制与整体清洁利用新技术及产业化，实现了铜炉渣的综合利用与高效清洁生产。有色矿山固体废弃物综合利用及生态修复技术研究与应用，该项技术综合利用矿山生产尾砂量达320余万吨/年，充分利用了矿山尾砂资源，消除了尾砂扬尘造成的环境污染、减少了地质灾害，减少矿山建设用地。

二、湖北兴发化工集团股份有限公司

湖北兴发化工集团股份有限公司成立于1994年，公司主营磷化工系列产品和精细化工产品的开发、生产和销售等业务，公司于1999年在上交所上市，获评国家级高新技术企业。公司是华中地区最大的磷化工生产基地，世界最大的六偏磷酸钠生产企业。公司的主导产品出口亚、欧、美、非等30多个国家和地区，客户包括宝洁、汉高、联合利华等国际知名企业。公司深入推进管理创新，通过了质量、环境、职业健康安全、HACCP"四合一"管理体系认证。

（一）加强能源管理，综合提高能效

一是发展"矿电磷"一体化发展模式。公司利用自身资源，将磷矿和水电有机结合，形成能源、资源与生产一体化，并在兴山县、重庆垫江等地取得了规模化生产效益。二是废热利用。2006年公司建成了热管余热汽包工业装置，利用生产六偏磷酸钠的尾气余热回收装置将生产过程中的剩余热能转化为蒸汽，形成了热能循环利用，替代了现有的发热煤锅炉实现热能平衡，每年减少燃煤消耗10万吨，减少用水2926万吨。三是建设生产能源管路平台项目，通过能源管理中心统一合理调配，有效地地提高企业产能和安全性能。

（二）推行清洁生产，建设循环经济

公司不断创新清洁生产和循环利用新技术，将生产过程中的副产品，废水、废气、废渣资源化利用。自主研发的二甲基亚砜废盐利用技术，将生产过程中副产的粗砜精制成高品质的二甲基砜；磷泥烧酸经技术处理后生产工业级磷酸盐产品，酸渣用于生产高效磷肥，磷渣用作生产高标号水泥的原料；利用次磷酸钠生产工序中产生的少量亚磷酸盐、次磷酸盐以及单质磷石灰废渣为原料生产饲料钙。公司将黄磷尾气回收生产煤气用作五钠、六偏等产品生产的动力燃料，回收次磷酸钠尾气磷化氢制取有机磷阻燃剂和磷酸，从而使尾气回收率达到95%以上。将焦炭粉收集后黏结制焦球，治理焦炭粉尘污染的同时为黄磷生产提供焦球作为原料。

着力污染减排。公司采用环保型全自动布袋除尘系统，提高了尾气净化水平、降低了尾气处理成本。利用光催化氧化加水解酸化、MBR膜生物反应器工艺联用的技术对生产废水进行处理，有效降低废水污染物指标，从而达标排放，同时废水处理后可循环回用。年运行率达到95%以上。

三、河南能源化工集团有限公司

河南能源化工集团有限公司成立于2013年9月，由原河南煤化集团、义煤集团战略重组而成，公司业务涵盖煤炭、化工、有色金属、装备制造、物流贸易、建筑矿建、现代服务业等多产业，中国500强企业。公司拥有世界唯一一条自主知识产权的甲醇蛋白生产线及全球最大的煤制乙二醇生产基地。公司着力发展高端精品化工和新材料技术，追求绿色长效发展。

（一）热电厂低碳运行

集团热电厂严格控制污染物排放，资源化利用煤泥、矿井水、粉煤灰等废物。废气处置方面，脱硫率达90%，除尘率达99.9%，并安装烟气在线监测系统来进行严格把关监控。循环利用方面，矿井水经过矿井水高效过滤器处理后使用。使用矿井水做生产补充水，既能减排废水，又能节约资源。该厂每年产出的20万吨的灰渣送往舒布洛克建材公司，作为制造新型建材地砖

和砌块的原料。生产的透水地砖，已作为鹤壁市建设"海绵城市"的指定产品。

（二）建设绿色生态矿区

集团矿区安装洒水喷头和相配套的洒水系统、收尘设施，实现了存煤场地洒水全覆盖，定时、定点地洒水降尘。在污水治理方面，矿洗煤厂通过对浮选工艺调整，增加粗煤泥回收系统、调整浮选系统、对固液分离设备进行改造、改变浓缩药剂添加制度、改变循环水路等措施，彻底改善循环水质量，杜绝了煤泥水外排，实现了洗煤水闭路循环。同时因地制宜规划矸石山绿化，选用与矸石山相适应的绿化植物，如乔木、灌木、草皮等增强抑尘灭灰，固化矸石山表面环境。

（三）综合利用余热

集团公司综合利用余热。设计应用了由太阳能系统、空压机余热利用系统和水源热泵三部分构成的热能系统，进行热量回收，每天可产45°C热水320吨，可以满足整个矿区的洗浴用水需求。该系统制取一吨热水成本仅需1.73元，而用原来锅炉系统制取成本是11.7元，项目实施后，每年可节约标煤1100吨，综合统计每年可节约费用120多万元。除冬季井筒供暖外，该系统可完全替代传统锅炉房，每年可减少CO_2排放2750吨、SO_2排放9.35吨，氮氧化物排放7.37吨，既安全高效又清洁环保。

第十二章　2016 年西部地区工业节能减排进展

第一节　总体情况

西部地区包括内蒙古、广西、重庆、四川、贵州、云南、西藏、陕西、甘肃、青海、宁夏、新疆 12 省份。2016 年，西部地区节能减排形势较为严峻。陕西、云南等部分省份能源消费呈上升趋势，各省份大气污染物排放量仍较高。产业结构调整工作开展顺利，广西、陕西、宁夏、甘肃等省份高技术和战略新兴产业快速增长，高耗能行业增长有所放缓，产业结构和产品结构逐渐优化。蓄热式电石、双炉粗铜连续吹炼工艺、铁合金冶炼专用炭电极替代电极糊等重点节能减排技术得到很好的实践应用。贵州开磷集团、青海庆华、金川集团等大型企业节能减排管理水平进一步提升，节能减排工作取得显著成效。

一、节能情况

根据国务院发布的《"十三五"节能减排综合工作方案》，西部地区能耗总量和强度"双控"目标（见表 12-1）显示，西部地区"十三五"能耗强度降低目标较低，只有重庆和四川高于全国平均水平，为 16%；陕西 15%，与全国平均水平持平；内蒙古、广西、贵州、云南、甘肃、宁夏 6 省区为 14%，青海、西藏为 10%，低于全国平均水平。国家没有给新疆生产建设兵团下达能耗强度降低目标。

表 12 –1　"十三五"西部地区能耗总量和强度"双控"目标

地区	"十三五"能耗强度 降低目标（%）	2015 年能源消费总量 （万吨标准煤）	"十三五"能耗增量 控制目标（万吨标准煤）
内蒙古	14	18927	3570
广西	14	9761	1840
重庆	16	8934	1660
四川	16	19888	3020
贵州	14	9948	1850
云南	14	10357	1940
西藏	10	—	—
陕西	15	11716	2170
甘肃	14	7523	1430
青海	10	4134	1120
宁夏	14	5405	1500
新疆	10	15651	3540

注：西藏自治区相关数据暂缺。

资料来源：国务院，2016 年 12 月。

分省份看，2016 年 1—10 月，陕西省规模以上工业能源消费量为 7320.26 万吨标准煤，同比增长 4.4%，增速排全国第二位。六大高耗能行业能源消费量为 6035.76 万吨，增长 5.8%，拉动规模以上工业能源消费增长 4.7 个百分点。其他非高耗能行业能源消费同比下降 1.3%，34 个非高耗能大类行业中有 19 个行业工业能源消费同比下降。火电、炼焦、煤化工行业拉动规模以上工业能源消费呈现正向增长态势，电力行业能源消费增长 8%，拉动规模以上工业能源消费增长 2.5 个百分点；受煤制油行业发展和焦炭产量增长影响，石化行业能源消费增长 16.3%，拉动规模以上工业能源消费增长 1.6 个百分点。

1—11 月，云南省规模以上工业能源消费量为 5857.08 万吨标准煤，同比增长 1.0%。其中，轻工业能源消费增速快于重工业，重工业能源消费量 5527.42 万吨标准煤，同比增长 0.8%；轻工业能源消费量 329.65 万吨标准煤，同比增长 3.7%。规模以上工业原煤消费量 6859.42 万吨，同比增长 0.1%。规模以上工业用电量 869.99 亿千瓦时，同比增长 0.3%。

二、主要污染物减排情况

根据国务院发布的《"十三五"节能减排综合工作方案》，西部地区能耗总量和强度"双控"目标（见表12-2）显示，重庆、四川、陕西减排任务较重，内蒙、广西、贵州、云南、甘肃、宁夏次之，青海、新疆减排任务较小。

表12-2 "十三五"西部地区化学需氧量排放总量控制计划

地区	2020年化学需氧量减排比例（%）	2020年氨氮减排比例（%）	2020年二氧化硫减排比例（%）	2020年氮氧化物减排比例（%）
内蒙古	7.1	7.0	11	11
广西	1.0	1.0	13	13
重庆	7.4	6.3	18	18
四川	12.8	13.9	16	16
贵州	8.5	11.2	7	7
云南	14.1	12.9	1	1
西藏	—	—	——	——
陕西	10.0	10.0	15	15
甘肃	8.2	8.0	8	8
青海	1.1	1.4	6	6
宁夏	1.2	0.7	12	12
新疆	1.6	2.8	3	3
新疆生产建设兵团	1.6	2.8	13	13

注：西藏自治区相关数据暂缺。

资料来源：国务院，2016年12月。

根据环保部发布的《2016年第三季度排放西部地区严重超标的国家重点监控企业名单》，西部地区共有8家企业纳入严重超标国家重点监控名单，内蒙古3家，贵州2家，青海、宁夏、新疆各1家。

表 12 – 3　2016 年第三季度排放西部地区严重超标的
国家重点监控企业名单及处理处置情况

序号	省份	企业名称	处理结果	目前整改情况
1	内蒙古自治区	神华巴彦淖尔能源有限责任公司	按日计罚，共罚 600 万元	正在整改
2		内蒙古大雁矿业集团有限责任公司热电总厂雁南热电厂	处罚 30 万元	正在整改
3		锡林浩特市新绿原污水处理厂	处罚 30.38 万元	正在整改
4	贵州省	贵州黔桂天能焦化有限责任公司	限制生产，处罚 24 万元	正在整改
5		凯里市凯荣玻璃有限公司	停产整治	正在整改
6	青海省	西宁张氏实业集团畜禽制品有限公司	按日计罚 46.75 万元	11 月 5 日达标
7	宁夏回族自治区	西吉县污水处理厂	处罚 18.11 万元	正在整改
8	新疆维吾尔自治区	乌鲁木齐河东威立雅水务有限公司	警告	正在整改

　　资料来源：环境保护部，2016 年 12 月。

第二节　结构调整

　　2016 年，西部地区大力推进产业结构调整，成效显著。部分省份高技术和战略新兴产业快速增长，高耗能行业增长有所放缓，淘汰落后工作进展顺利，去产能行业产品产量持续下降，高精尖行业产品产量保持较快增长，产业结构和产品结构逐渐优化。分地区情况如下：

　　广西壮族自治区高耗能行业增速放缓，高技术产业增幅有所提高，基本完成淘汰落后产能目标任务。2016 年 1—11 月广西高耗能行业增加值同比增长 9.1%，与前三季度比增速有放缓趋势，比 1—9 月下降 0.7%，占规模以上工业增加值的比重为 38.3%，比前三季度回落 0.1%。高技术产业增加值同比增长 7.8%，高于全区 0.2 个百分点，与前三季度相比增速有加快趋势。其中，航空航天器及设备制造业同比增长 20.0%，电子及通信设备制造业同比增长 10.4%。1—11 月，广西自治区完成淘汰落后炼钢 42 万吨、水泥 30 万吨、铁合金 1.776 万吨、铅冶炼 4 万吨、制革 10 万标张、钒冶炼 0.12 万吨、平板玻璃 180 万重量箱、纺织 1 万吨，分别占年度目标任务的 100%、100%、80%、100%、100%、100%、100%、100%，除铁合金外，基本完成淘汰落后产能目标任务。

陕西省能源工业持续下降，非能源工业保持较快增长，去产能行业产品产量持续下降，高精尖行业产品产量保持较快增长。1—11 月，能源工业增加值下降 0.8%，非能源工业增加值增长 13.1%。11 月，全省非能源工业增加值同比增长 10.6%。其中，装备制造业、汽车制造业、计算机通信和其他电子设备制造业、高技术产业分别同比增长 22.2%、27.1%、36.6%、23.7%。1—11 月，去产能行业产品产量持续下降，高精尖行业产品产量保持较快增长，原煤、钢材、水泥等产品产量同比分别下降 3.5%、28.6%、11.8%，集成电路圆片、太阳能电池、新能源汽车分别同比增长 2.8 倍、65.7%、46.9%。

宁夏回族自治区积极推进工业结构调整。2016 年全年宁夏轻工业占比提高，高耗能行业占比有所下降，轻工业占规模以上工业增加值的比重为 19.3%，比上年同期提高 1.4%，高耗能工业比重从 2015 年末的 52.6% 下降至 51.6%。新能源发电占全区发电量的比重大幅提高，风电、太阳能等清洁能源发电量占发电量的比重从上年同期的 10.5% 提高到 15.5%。全区"三去一降一补"成效初步显现，煤炭、钢铁行业圆满完成国家下达的去产能任务，煤炭产量下降 11.2%、粗钢下降 12.4%、钢材下降 18.2%。

甘肃省积极推进去产能工作，大力发展战略性新兴产业。2016 年全省钢材、原煤产量分别同比下降 21.5%、2.76%，钢铁煤炭行业圆满完成全年去产能任务。战略性新兴产业加快成长，全年全省以新能源、先进装备和智能制造、新材料、信息技术、节能环保、生物医药、新型煤化工、现代服务业、公共安全等领域为重点的战略性新兴产业增加值达到 936.9 亿元，同比增长 12.2%，占生产总值比重达到 13.1%。

第三节 技术进步

一、蓄热式电石技术

蓄热式电石技术由神雾集团研发，2016 年在内蒙古港元化工有限公司运行，并获得国家级科技成果鉴定。该项技术针对我国传统电石生产工艺局限性所研发，生产电石的同时，采用热解技术将中低阶煤炭分级分质利用，副产大量人造石油、人造天然气和合成气，拓宽了下游产品应用范围，降低了下游化工产品和能源产品加工成本，解决了传统电石行业能源消耗和污染排放高的问题，提升了乙炔化工行业经济效益。该项技术装备整体达到国际先进水平，电炉年产量由原来的 9.7 万吨/年提升至 14 万吨/年，平均生产电耗由 3527 千瓦时/吨电石降至 281 千瓦时/吨电石，能耗约 710 标煤/吨电石，综合生产成本降低约 572 元/吨电石，电石产品质量达到优等品要求。

二、双炉粗铜连续吹炼工艺技术

双炉粗铜连续吹炼工艺技术在内蒙古赤峰云铜有色金属有限公司投入运行，该工艺特点是冰铜吹炼成粗铜的造渣和造铜反应过程分别由前后布置的两台炉窑连续完成，前台炉窑称为造渣炉，在造渣炉内把冰铜吹炼成白冰铜，冰铜是液态连续流入造渣炉、连续加入石英石熔剂、连续鼓风，产出的白冰铜通过虹吸连续排出，产出的吹炼渣溢流连续放出，产生的高温烟气进入余热锅炉；后台炉窑称为造铜炉，在造铜炉内把白冰铜吹炼成粗铜，造渣炉产出的液态白冰铜经过溜槽连续流入造铜炉、连续或断续加入石灰石熔剂、连续鼓风，产出的粗铜连续或间断排出，产出的吹炼渣溢流定期放出，产生的高温烟气进入余热锅炉。该项技术在获得含硫较低（平均 0.022%）的优质粗铜的同时，还能获得较低的渣含铜（平均 2.25%），吹炼烟气余热用来发电，烟气全部汇入制酸系统进行制酸脱硫处理，使得 SO_2 浓度降低了 20%，火法冶炼产能提高了 20%，在节能、减排和降本增效方面意义显著。

三、铁合金冶炼专用炭电极替代电极糊技术

铁合金冶炼专用炭电极替代电极糊技术应用于四川龙蟒矿冶有限责任公司电炉改造项目，并被纳入国家重点低碳技术推广目录（2016 年）。该项技术主要适用于铁合金、黄磷等冶炼行业的大中型矿热炉。矿热炉是用电极糊或炭电极将电能转化为热能，从而用来冶炼炉料的冶金设备。电极糊与炭电极的区别在于电极糊在生产过程中没有经过高温焙烧，而炭电极在使用前已进行焙烧，电极糊在使用过程中需用电进行自焙，而炭电极在使用时无须使用电力，将公母扣连接使用即可，炭电极替代电极糊减少了电能消耗和污染物排放。另外，炭电极比电极糊电阻低，使用过程节电效果也更加明显。铁合金冶炼使用专用炭电极代替电极糊，可节约电力，减少二氧化碳和污染物排放，该项目年碳减排量约 8400 吨 CO_2，碳减排成本为 80—120 元/吨。

第四节　典型用能企业节能减排

一、贵州开磷集团

贵州开磷（集团）有限责任公司成立于 1958 年，是我国在第二个五年计划期间建设的三大磷矿石生产基地之一，经过近 60 年发展成为集矿业、磷化工、煤化工、氯碱化工、硅化工、建设建材等多种产业于一体的大型企业。开磷集团始终依据循环经济发展理念，坚持推动资源集约高效利用，致力打造绿色、循环生态工业园。

（一）坚持技术创新

不断提高采掘装备智能化、采矿技术绿色化，推广使用国际一流采掘装备，井下凿岩、装药、铲装、支护等主要生产环节全部实现机械化作业。二是推进生产过程可视化。引进国外先进的 MineSight 管理软件，以国际具有先进管理经验的矿山为标杆，建立三维数字矿山平台，使井下采掘布局更加科学，资源得到最大限度的开发利用。三是推进管理手段信息化。建成了集生

产区域视频监控、人员设备定位、实时语音通信于一体的生产调度指挥系统，为井下大型采掘提供了便利。建立了具有四层架构的矿山管控一体化平台，分别是生产现场、业务管理、企业资源、决策分析，实现了矿山的高效智能化管理。

（二）发展绿色循环经济

开磷控股集团积极推进磷石膏的资源化再利用，大力推广井下磷石膏充填采矿法，拓宽磷石膏应用领域。2015年，开磷石膏公司突破了以改性磷石膏为基础原料制造仿石、仿木建材技术，开磷生态复合板与天然大理石、木材相比较，具有无甲醛、防火、耐高温、维护成本低等优势，推动了磷石膏产品从基础建材到高端装饰建材的转型升级。2016年6月，开磷磷石膏生态复合板在首届中国·贵州国际绿色建筑与装配式建筑技术及产品博览会亮相，系列产品受到各方好评。

（三）积极履行社会责任

集团成立组织机构及绿化队伍，负责复垦矿区崩落区、塌陷区，对矿区实施绿化和植树造林，并积极配合贵阳市和开阳县政府实施退耕还林，逐步提高矿区内森林覆盖率，已达到80％以上。

二、青海庆华

青海庆华集团成立于2003年6月，是一家集煤炭采选、铁矿采选、煤化工于一体的综合性大型民营企业，是青海省矿产资源综合开发利用的龙头企业，纳入国家级柴达木循环经济试验区首批试点企业，庆华集团立足于可持续发展理念，将发展循环经济作为企业使命，将绿色发展和生态建设作为最重要的社会责任，全力打造循环经济型企业。

（一）大力推动洁净煤气循环利用

充分采集回收焦炉产生的荒煤气，荒煤气经生产焦油、硫铵、粗苯等产品后得到净化，洁净煤气用以焦炉炼焦加热过程产生热量，焦油、粗苯经过深加工生产合成油、二甲苯等化工产品，实现了煤炭资源"吃干榨尽"。企业建设了脱硫与硫回收项目，用以解决二氧化硫排放问题，工业用气达标的同时又生产出硫膏产品，脱除硫的净煤气再返回用于焦炉加热、燃气锅炉、煤气发电等工序。

（二）大力推动工业节能和节水

一是推动工业节能，主动利用工业余热。利用水气换热器，将锅炉200℃的废气余热进行利用，换热后的热水作为职工洗浴水及生活区的热水供应。焦炉废气温度可达300℃，通过在烟囱架设管路，安装引风机将300℃的废气引入筛焦系统暖气管路，用废气余热保证整个筛焦系统的温度需求。二是采用国内先进的物化法处理工艺和生活污水处理系统处理生产与生活用水，经处理的水二次利用于熄焦、煤、焦场洒水抑尘等工作，最大限度地节约了用水，并于2007年开始实现了焦化生产和生活废水循环利用与零排放，每年可综合利用生产废水140万立方米。

（三）推动工业固体废物再次利用

在固体废物处置方面，先是采用先进技术设备收集固体废物，焦炉装煤和出焦除尘采用地面除尘站、消烟除尘车，备煤系统和筛焦系统除尘采用袋式除尘器，硫铵干燥尾气除尘采用旋风除尘器加水膜洗涤塔两级，熄焦塔除尘采用折流板，收集的煤（焦）尘、焦油渣等固体废物再次送至煤场掺混炼焦，实现了固体废物"资源化、减量化、无害化"利用。

三、金川集团

金川集团股份有限公司（以下简称"金川集团"）于1959年成立，由甘肃省人民政府控股，集团以矿业和金属为核心，是中国镍钴生产基地、铂族金属提炼中心和北方地区最大的铜生产企业，被称作中国的"镍都"。近年来，金川集团大力践行社会责任，下大力度推进节能减排工作，取得了显著成效。

（一）投入资金支持节能减排工作

2009年，金川集团公司承诺"用三年时间根治环境污染，还大家一个实实在在的蓝天碧水"，自此公司投资23.18亿元，用长达三年时间推动环境达标治理的"蓝天碧水"工程，实施了包括"十大蓝天工程"和"十大碧水工程"在内的 26 个治理项目，并于 2011 年 12 月全部建成投运，使得二氧化硫回收利用率达 96.1%，年中水利用量达 1320 万吨，工业污水循环利用率达到 100%。

（二）大力推动工业固体废物综合利用

工业固体废物项目建设方面，建成投运了 1 万吨/年白烟灰综合利用项目，建成投产冶炼含铜废渣循环利用工业废酸生产高品质硫酸铜项目，建成黑铜渣综合利用生产电极铜项目，开工建设了 110 万吨/年铜炉渣选矿工程。目前矿山每年可利用粉煤灰、锅炉渣 5 万多吨，利用冶炼水淬渣 12 万吨以上，利用尾矿砂 10 万吨以上，年节约水泥 1.8 万吨，降低了矿山井下充填成本，减少了固体废弃物的堆存，取得了良好的生态环境效益。

（三）全面实施含硫废气回收利用项目

大力开展技术攻关，研发了冶炼烟气网络配置技术设备，使浓度不同的二氧化硫炉窑烟气实现了 100% 回收。自 2006 年来，公司实施了硫酸挖潜技术改造、70 万吨/年硫酸生产系统以及回转窑烟气制酸等项目，配套建设了硫酸贮存和运输设备，形成了与镍、铜冶炼过程相配套的二氧化硫烟气综合回收利用系统。

第十三章 2016 年东北地区工业节能减排进展

第一节 总体情况

东北地区包括辽宁、吉林、黑龙江三省。2016 年，东北地区节能减排工作进展顺利，单位工业增加值能耗呈下降态势，生态环境保护水平进一步提升。结构调整力度逐步加大，初步形成供需两侧发力、新兴产业和传统产业协调发展、工业化和信息化融合、城乡区域共同发展的老工业基地振兴新格局。铸余渣热态循环利用、大弹性位移非接触同步永磁传动、含氮 VOCs 废气催化氧化＋选择性催化还原净化等关键节能减排技术取得实践应用。吉恩镍业、本溪钢铁、中国一重等重点企业节能减排成效显著。

一、节能情况

根据国务院发布的《"十三五"节能减排综合工作方案》，东北三省"十三五"能耗强度降低目标均为 15%，与全国平均水平持平。

表 13–1   "十三五"东北地区能耗总量和强度"双控"目标

地区	"十三五"能耗强度降低目标（%）	2015 年能源消费总量（万吨标准煤）	"十三五"能耗增量控制目标（万吨标准煤）
辽宁	15	21667	3550
吉林	15	8142	1360
黑龙江	15	12126	1880

资料来源：国务院，2016 年 12 月。

分省份看，2016 年 1—11 月，吉林省单位工业增加值能耗降低 9.2%，除四平市单位工业增加值能耗增长 1.5%，其他地区均有下降，长春市、吉林市、辽源市、通化市、白山市、松原市、白城市、延边州分别是 4.7%、6.7%、7.5%、24.7%、6.8%、17.1%、10.9%、4.35%。

1—10 月，黑龙江省规模以上工业能源消费量为 4116.6 万吨标准煤，同比增长 0.5%。工业用电量 434.6 亿千瓦时，同比增长 0.5%。前三季度，全省规模以上工业企业综合能源消费量为 3590.5 万吨标准煤，万元增加值能耗下降 1.1%。

二、主要污染物减排情况

根据国务院发布的《"十三五"节能减排综合工作方案》，东北部地区能耗总量和强度"双控"目标（见表 13 – 2）显示，辽宁减排任务较重，吉林次之，黑龙江减排任务较轻。

表 13 – 2　"十三五"东北地区化学需氧量排放总量控制计划

地区	2020 年化学需氧量减排比例（%）	2020 年氨氮减排比例（%）	2020 年二氧化硫减排比例（%）	2020 年氮氧化物减排比例（%）
辽宁	13.4	8.8	20	20
吉林	4.8	6.4	18	18
黑龙江	6.0	7.0	11	11

资料来源：国务院，2016 年 12 月。

根据环保部发布的《2016 年第三季度排放东北部地区严重超标的国家重点监控企业名单》，东北地区共有 5 家企业纳入严重超标国家重点监控名单，辽宁省 3 家，黑龙江省 2 家。

表 13 – 3　2016 年第三季度东北部地区排放严重超标的国家重点
监控企业名单及处理处置情况

序号	省份	企业名称	处理结果	目前整改情况
1	辽宁省	鞍钢集团矿业公司齐大山铁矿	限制生产，处罚 15 万元	正在整改
2		沈阳炼焦煤气有限公司	停产整治，处罚 15 万元	正在整改
3		丹东凤凰山水泥制造有限公司	警告	正在整改

序号	省份	企业名称	处理结果	目前整改情况
4	黑龙江省	鸡西矿业（集团）有限责任公司矸石热电厂	处罚 13 万元	正在整改
5		中煤龙化哈尔滨煤化工有限公司	处罚 81 万元	正在整改

第二节　结构调整

2016 年，东北地区采用多种措施加大供给侧结构性改革力度，大力改造升级"老字号"，深度开发"原字号"，培育壮大"新字号"，全面推进产业结构优化升级，初步形成供需两侧发力、新兴产业和传统产业协调发展、工业化和信息化融合、城乡区域共同发展的老工业基地振兴新格局。

分省份看，2016 年辽宁省积极化解过剩产能任务。全省全年累计关闭退出煤矿 44 处，化解煤炭过剩产能 1361 万吨，超额完成国家下达全省 2016 年煤炭行业化解过剩产能任务目标。

1—10 月，吉林省继续推进工业结构优化。在食品、医药、纺织等产业实现较快增长的带动下，吉林省轻重工业生产增速差距有所扩大。1—10 月，全省规模以上轻工业实现增加值 1644.08 亿元，同比增长 8.6%；重工业实现增加值 3481.15 亿元，同比增长 5.4%；轻工业生产增速快于重工业 3.2 个百分点。圆满完成了化解过剩产能任务目标，2016 年共压减粗钢产能 108 万吨。1—10 月，吉林市原煤、钢材、水泥产量分别同比下降 44.9%、9.9%、3.9%，化解过剩产能成效显著。

第三节 技术进步

一、铸余渣热态循环利用技术

铸余渣热态循环利用技术适用于钢铁企业炼钢工序，在鞍钢股份有限公司得到应用。该项技术原理是：铸余渣的热态回收在相同钢种之间进行，保证钢水停浇至热态渣翻罐回收的时间间隔在 25 分钟以内，具体方式是利用吊车将浇铸后的热态铸余渣倒入铁水包或钢包待处理重罐中，充分考虑热态回收过程的连续性，实现浇铸、翻渣的连续执行。翻入铁水包中的铸余渣随铁水兑入转炉，翻入钢包中的铸余渣直接参与钢水二次精炼，可以降低转炉和钢包精炼过程的渣料消耗及能源消耗，实现快速成渣，节省处理时间。铸余渣热态回收可以大大节省炼钢过程的辅料消耗、热量消耗并提高了金属收得率。项目实施后，节省转炉、LF 炉各种渣料消耗 3 千克/吨钢，金属收得率提高 1%，吨钢综合能耗降低 5 千克标准煤，年节约 2.5 万吨标准煤。

二、大弹性位移非接触同步永磁传动技术

大弹性位移非接触同步永磁传动技术应用于吉林建龙钢铁，并被纳入国家低碳技术目录（2016 年），适用于电力、化工、钢铁、煤炭等行业。技术原理是：主动轴（驱动轴）和从动轴（负载轴）各安装一组永磁体，使得两组永磁体之间的磁力相互耦合，进而实现扭矩的传递。同步永磁联轴器内外转子均是（对称分布）永磁转子，气隙（间隙）在装配前已预留。在装配时内外转子分别与负载轴和主动轴连接好后，沿轴向向外移入锥套，这样既可保证内外转子靠永磁场隔空传动动力，又没有剩余磁场，使得传动效率几乎达到 100%。以大弹性位移非接触同步永磁传动技术为核心的同步永磁联轴器作为一种新型柔性传动联轴器，与传统柔性传动联轴器相比，不仅具有较高的传递效能，而且不需要消耗液压油，在其 25 年寿命期内本体无须更换任何部件，在节材、降耗方面有着突出的优势。

三、含氮 VOCs 废气催化氧化＋选择性催化还原净化技术

含氮 VOCs 废气催化氧化＋选择性催化还原净化技术应用于中国石油抚顺石化公司腈纶化工厂丙烯腈装置 50000 立方米／小时尾气治理项目，并被纳入《2016 年国家先进污染防治技术目录（VOCs 防治领域）》。该项技术适用范围：工业生产过程中产生的丙烯腈等含氮 VOCs 的处理。工艺路线及参数：用贵金属催化剂催化氧化含氮 VOCs，再用选择性催化还原工艺（SCR）净化氧化阶段产生的 NOx。技术特点：采用催化氧化＋SCR 组合工艺，在高效处理含氮 VOCs 的同时，防止 NOx 二次污染。主要技术指标：VOCs 净化效率可达 95％以上，NOx 净化效率可达 80％以上。

第四节　典型用能企业节能减排

一、吉恩镍业

吉林吉恩镍业股份有限公司地处吉林省东部，是一家生产镍、铜、钴、钼及其相应盐类的有色金属上市企业，建厂五十多年来，吉恩镍业一直将环保工作视为最重要的社会责任，紧紧围绕"节能减排、科学发展"这一核心，努力推进建设资源节约型、环境友好型企业。

（一）多举措推动烟气排放达标

吉恩镍业为加大力度治理冶炼厂烟气排放采用了多种措施，一是除尘设施完善，企业安装了电除尘设备，加大投资力度对电炉、锅炉烟尘进行治理，冶炼厂配套有布袋收尘、旋风收尘等多种收尘措施，吉恩镍业把卧式水膜除尘器改为冲击式水膜除尘器，除尘率提高到 95％，大大降低了粉尘含量。二是解决二氧化硫排放问题，转炉烟气中二氧化硫含量约为 6％—8％，企业把这些二氧化硫用来制硫酸，在得到经济效益的同时，解决了二氧化硫排放超标的难题。三是通过工艺改造提高煤的热效率，减少燃煤的烟气排放量。

（二）推进工业废水循环利用

一是加大力度建设污水处理站。早在20世纪90年代，企业就建设了循环水库。随着企业规模的不断壮大，公司投资1800万元建设污水处理站，日处理能力达到3600吨。二是加大废水管理制度建设。公司出台的《工业废水管理使用办法》规定：各生产单位严禁私自排放生产废水，需一律经过工业污水处理站进行处理。若私自排放造成后果，严肃追究责任人和单位领导责任。另外，为鼓励使用循环水，公司规定各单位可免费使用污水处理站处理后的水。企业通过管理、处罚、鼓励等措施，最大限度节省了水资源，提高了工业废水的循环利用效率。

（三）集中管理固体废料

企业加强了对水淬渣的管理力度。冶炼水淬渣占企业固体废料的比重很大，每年大约产生10万吨左右，企业为此专门建立了存储库，并在存储库四周建起围墙，由仓储部统一管理，减少对环境的污染。另外，为加强水淬渣存储、销售、运输过程的管理，企业出台了《关于水淬渣存储、销售、运输等过程的管理规定》，对水淬渣的贮存、堆放做了明确规定，同时采取防扬散、防流失、防渗漏等方式防止水淬渣对环境造成污染。集中管理为日后提取水淬渣中贵金属创造了有利条件。同时企业也通过尾矿库使尾矿浆沉淀的方式将尾矿富集在一起，以便日后回收利用。

二、本溪钢铁

本溪钢铁（集团）有限责任公司（以下简称"本钢"），位于辽宁省本溪市，成立于1905年，拥有采矿、选矿、烧结、炼铁、炼钢、轧钢、动力、运输、机修、科研和产品开发等配套齐全的大型钢铁集团公司，是我国重要的精品板材骨干企业之一。近年来以建设"绿色本钢"为目标，积极履行社会责任，加大环保资金投入，强化环保设施运行管理，不断提升环保水平，积极创建绿色生态企业。

（一）大力实施清洁生产

一是治理粉尘。先后投资实施并已投入运行炼铁厂三烧车间受矿槽除尘、三烧翻车机除尘、物流中心原料二车间翻车机除尘工程、五炉过筛除尘器改造工程、焦化厂运焦除尘系统改造工程等4项重大污染专项治理项目，每年可减少4000吨粉尘排放。二是治理二氧化硫。改造焦化厂一回收车间煤气脱硫回收系统，通过采用HPF脱硫工艺取代原有AS脱硫工艺，可使焦炉煤气处理量达到10万立方米/小时，H_2S含量减少到100毫克/立方米以下，二氧化硫排放每年减少2087吨。

（二）大力发展循环经济

一是推进钢渣综合利用。投资建设了60万吨钢渣热闷和120万吨钢渣磁选线工程，经热闷处理后的钢渣金属铁的回收率达到90%，热闷加工处理后可作钢渣粉、钢铁渣复合粉、水泥混合材及新型建筑材料等，100%利用了尾渣，促进了钢渣"零排放"。二是推进余热利用。开展了余热利用集中供热工程建设，将本钢五号、六号高炉冲渣水余热用来供暖，实施发电厂低真空供暖扩建改造工程和焦化热网改造工程，实现年节煤量达13.12万吨，二氧化硫排放量减少672.3吨。

三、中国一重

中国第一重型机械集团公司（以下简称"中国一重"），成立于1954年，是目前中央管理国有重点骨干企业，主要为采矿、钢铁、有色、能源、汽车、石化、交通等行业及国防军工提供重大成套技术装备、高新技术产品和服务。主要有矿山设备、重型锻压设备、大型铸锻件、冶金设备等产品。近年来中国一重大力推动节能环保，积极履行社会责任，取得了显著成效。

（一）大力开展节能技术改造

淘汰落后产能、节能技术改造和资源综合利用是中国一重企业转型升级重要部分。为实现水的循环利用，公司建设大型污水处理站，实现了水的循环再用，地表水由之前的月取水230万吨，逐步下降到目前的几万吨。为加强能源管理工作，公司采用合同能源管理模式实施电炉排烟除尘变频项目，节电率达到50%以上。为进一步利用二次能源，公司将空压站余热回收热水用于厂内职工浴池洗浴用水，节省大量自烧锅炉燃煤和天然气，大幅降低污染物排放。

（二）健全节能目标考核评价体系

一是公司采取以能源消费总量、单位产品能耗双项指标考核为主，以专项节能措施考核为辅的考核机制，将节能目标考核与各子公司、事业部效益工资总额挂钩，制定《节能月度考评办法》，按月考核，奖惩分明。子公司、事业部建立完备的二级考核机制，确保了节能指标及工作任务的完成。二是深入挖掘生产工艺节能减排，革新流程再造与工艺推进节能减排。通过管用措施降低冶炼、锻造、热处理、铸铁、铸钢、动力站房等热加工重点耗能工序单位能耗指标。推动冷加工切削工艺、加工刀具等技术革新，减少降低刀具磨损量，提升切削效率，利用加速机床装卡、减少等待时间等措施降低机床单位能耗指标。

政 策 篇

第十四章 2016 年中国工业节能减排政策环境

2016 年作为"十三五"规划的起始年份，我国工业以绿色、转型、融合为主题，围绕绿色发展这一目标和任务，把构建绿色制造体系作为重大战略，在工业节能低碳、清洁环保、资源利用、淘汰落后产能等领域发布了众多政策措施。在产业结构调整方面，随着智能制造、小微企业扶持、技术改造等政策措施的不断推出与落实，我国工业领域的供给侧结构性改革政策效应初步显现，淘汰落后产能工作继续推进，去产能不断得到落实。在节能减排技术方面，不断建设完善绿色标准体系，推进节能标准、绿色制造标准、温室气体排放标准的发布实施；推广重点节能减排技术，发布重点节能技术目录、节能电机设备推荐目录；开展节能监察，促进绿色数据中心建设。在节能减排经济政策方面，发布《关于全面推进资源税改革的通知》《关于实行燃煤电厂超低排放电价支持政策有关问题的通知》《关于构建绿色金融体系的指导意见》等，不断完善节能减排的税收、价格、金融政策。

第一节 产业结构调整政策

在产业结构调整方面，随着我国"去产能"、"一带一路"倡议、"中国制造 2025"战略、"互联网＋"行动计划等战略不断加快推进，以及智能制造、小微企业扶持、技术改造等政策措施的不断推出与落实，我国工业领域的供给侧结构性改革政策效应初步显现，淘汰落后产能工作继续推进，去产能不断得到落实，降低企业成本取得初步成效，补短板工作有所进展，新一代信息技术、高端装备制造等新兴产业正在成为经济增长新亮点，工业领域各种积极的迹象明显增多。

一、淘汰落后产能

2015 年我国在电力、煤炭、炼铁、炼钢等 16 个行业均完成了淘汰落后和
过剩产能目标任务，相比 2014 年，除了电力落后产能淘汰量增长 8% 之外，
其他行业都在减少，这种情况主要同我国"十二五"期间的总体目标在前几
年完成力度较大有关，同时也说明在现有落后产能界定标准下，我国落后产
能的量已经较少。2015 年全国实际淘汰落后产能包括：炼铁 1378 万吨、炼钢
1706 万吨、焦炭 948 万吨、铁合金 127 万吨、电石 10 万吨、电解铝 36.2 万
吨、铜冶炼 7.9 万吨、铅冶炼 49.3 万吨、水泥（熟料及粉磨能力）4974 万
吨、平板玻璃 1429 万重量箱、造纸 167 万吨、制革 260 万标张、印染 12.1 亿
米、铅蓄电池（极板及组装）791 万千伏安时、电力 527.2 万千瓦、煤炭
10167 万吨，见表 14 - 1。各省（区、市）及新疆生产建设兵团均完成了 2015
年淘汰落后和过剩产能目标任务。

表 14 - 1　2014—2015 年淘汰落后产能完成情况

行业	单位	合计		
		2014 年	2015 年	变化率
炼铁	万吨	2823	1378	−51.2%
炼钢	万吨	3113	1706	−45.2%
焦炭	万吨	1853	948	−48.8%
电石	万吨	194	10	−94.8%
铁合金	万吨	262	127	−51.5%
电解铝	万吨	50.5	36.2	−28.3%
铜冶炼	万吨	76	7.9	−89.6%
铅冶炼	万吨	36	49.3	36.9%
水泥（熟料及粉磨能力）	万吨	8773	4974	−43.3%
平板玻璃	万重量箱	3760	1429	−62.0%
造纸	万吨	547	167	−69.5%
制革	万标张	622	260	−58.2%
印染	亿米	20.9314	12.1062	−42.2%
铅蓄电池（极板及组装）	万千伏安时	3020	791	−73.8%
电力	万千瓦	485.8	527.2	8.5%
煤炭	万吨	23528	10167	−56.8%

资料来源：工业和信息化部，2017 年 1 月。

从政策发布情况看，一方面，我国淘汰落后产能工作在"十二五"期间通过建立工作机制，完善具体政策措施，综合运用多种手段，取得了阶段性成果，为调整工业结构和实现产业升级腾出了土地、能源、资源、市场空间和环境容量。另一方面，随着我国经济形势进入新的发展阶段，去产能被列为推进供给侧结构性改革的重要工作，伴随我国生态文明建设进程的加快，依法行政要求政策部门更多发挥法律法规约束作用，所有这些方面进一步对淘汰落后产能工作提出了更高的要求。

2016年8月，工业和信息化部就《关于利用综合标准依法依规推动落后产能退出的指导意见（征求意见稿）》公开征求社会意见。意见稿提出在现有淘汰落后产能工作基础上，以钢铁、煤炭、水泥、电解铝、平板玻璃等行业为重点，通过完善综合标准体系，加严常态化执法和强制性标准实施，推动建立法治化、市场化产能退出机制，争取到2020年再退出一批产能，缓解产能过剩矛盾，持续优化产业结构升级。意见稿中提出，严格执行相关法律法规和强制性标准，对能耗、环保、安全生产达不到标准和生产不合格产品或淘汰类产能，通过依法关停、停业、关闭、取缔整个企业，或采取断电、断水、拆除动力装置、封存冶炼设备等措施淘汰相关主体设备（生产线），使相应产能不再投入生产。征求意见稿中还提出加大资金支持、落实价格政策、实施差别信贷、做好职工安置等多项政策措施。

二、去产能

2016年4月人力资源和社会保障部等7部门印发《关于在化解钢铁煤炭行业过剩产能实现脱困发展过程中做好职工安置工作的意见》，提出要多渠道分流安置职工，支持企业内部分流。支持企业利用现有场地、设施和技术，通过转型转产、多种经营、主辅分离、辅业改制、培训转岗等方式，多渠道分流安置富余人员；支持企业开展"双创"，利用"互联网+"、国际产能合作和装备"走出去"，发展新产品、新业态、新产业，在优化升级和拓展国内外市场中创造新的就业空间；促进转岗就业创业。

2016年4月，中国人民银行、银监会、证监会、保监会联合印发《关于支持钢铁煤炭行业化解过剩产能实现脱困发展的意见》，提出金融机构应满足钢铁、煤炭企业合理资金需求，支持钢铁企业加强对国防军工、航天、航空、高铁、核电、海洋工程等重点领域高端产品的研发和推广应用，大力发展能效贷款；积极扩大合同能源管理未来收益权质押贷款、排污权抵押贷款、碳排放权抵押贷款等业务，支持钢铁、煤炭企业在化解过剩产能的总体框架下进行节能环保改造和资源整合。大力支持钢铁、煤炭扩大出口。对符合政策且有一定清偿能力的钢铁、煤炭企业，通过实施调整贷款期限、还款方式等债务重组措施，帮助企业渡过难关。对符合条件的钢铁、煤炭分流人员，鼓励金融机构按政策规定给予创业担保贷款支持。强调银行业金融机构要综合运用债务重组、破产清算等手段，妥善处置企业债务和银行不良资产，加快不良贷款核销和批量转让进度，坚决遏制企业恶意逃废债务行为等。

三、培育战略性新兴产业

2016 年 7 月，国家发改委在 2013 年发布的《战略性新兴产业重点产品和服务指导目录》基础上，发布《战略性新兴产业重点产品和服务指导目录》（2016 版征求意见稿）。2016 年 11 月，国务院印发《"十三五"国家战略性新兴产业发展规划》，提出到 2020 年，战略性新兴产业增加值占国内生产总值比重达到 15％，形成新一代信息技术、高端制造、生物、绿色低碳、数字创意等 5 个产值规模 10 万亿元级的新支柱，并在更广领域形成大批跨界融合的新增长点，平均每年带动新增就业 100 万人以上。到 2030 年，战略性新兴产业发展成为推动我国经济持续健康发展的主导力量，我国成为世界战略性新兴产业重要的制造中心和创新中心，形成一批具有全球影响力和主导地位的创新型领军企业。

第二节　节能减排技术政策

一、建设完善绿色标准体系

绿色标准是国家生态文明建设的制度基础，是提升经济质量效益、推动绿色低碳循环发展、建设生态文明的重要手段，是化解产能过剩、加强节能减排工作的有效支撑。

（一）节能标准体系建设

"十二五"以来，国家标准委、国家发改委联合启动了两期"百项能效标准推进工程"，共批准发布了 206 项能效、能耗限额和节能基础标准。截至目前，我国已发布实施强制性能效标准 73 项、强制性能耗限额标准 104 项、推荐性节能国家标准 150 余项。2016 年 11 月，国家发改委、国家标准委办公室联合发布《节能标准体系建设方案（征求意见稿）》，从总体要求、优化标准体系建设、健全管理机制、夯实节能标准化基础等六个方面做了具体翔实的安排，提出到 2020 年，主要高耗能行业实现能耗限额标准全覆盖，重点行业、终端用能产品和设备实现节能标准全覆盖，80% 以上的能效指标达到国际先进水平，节能标准国际化水平明显提升。

2016 年 6 月，工业和信息化部印发《工业和通信业节能与综合利用领域标准制修订管理实施细则（暂行）》的通知，对化工、石化、黑色冶金、有色金属、黄金、建材、稀土、机械、汽车、船舶、航空、轻工、纺织、包装、航天、兵器、核工业、电子、通信等行业节能与综合利用领域国家标准和行业标准的制修订管理进行了详细规定。

（二）绿色制造标准体系

2016 年 9 月，工业和信息化部、国家标准化管理委员会联合印发《绿色制造标准体系建设指南》，明确了绿色制造标准体系的总体要求、基本原则、构建模型、建设目标、重点领域、重点标准建议和保障措施等。提出了绿色制造标准体系框架，将绿色制造标准体系分为综合基础、绿色产品、绿色工厂、绿色企业、绿色园区、绿色供应链和绿色评价与服务七个子体系。根据《中国制造 2025》关于绿色制造体系建设的工作部署，绿色产品、绿色工厂、绿色企业、绿色园区、绿色供应链子体系是绿色制造标准化建设的重点对象，综合基础和绿色评价与服务子体系提供基础设施、技术、管理、评价、服务方面的支撑。《绿色制造标准体系建设指南》的发布，有助于发挥标准在绿色制造体系建设中的引领作用，推动建立高效、清洁、低碳、循环的绿色制造体系，促进我国制造业绿色转型升级。

2016 年 11 月，国务院办公厅印发《关于建立统一的绿色产品标准、认证、标识体系的意见》，提出按照统一目录、统一标准、统一评价、统一标识的方针，将现有环保、节能、节水、循环、低碳、再生、有机等产品整合为绿色产品，到 2020 年，初步建立系统科学、开放融合、指标先进、权威统一的绿色产品标准、认证、标识体系，健全法律法规和配套政策，实现一类产品、一个标准、一个清单、一次认证、一个标识的体系整合目标。绿色产品评价范围逐步覆盖生态环境影响大、消费需求旺、产业关联性强、社会关注度高、国际贸易量大的产品领域及类别，绿色产品市场认可度和国际影响力不断扩大，绿色产品市场份额和质量效益大幅提升，绿色产品供给与需求失衡现状有效扭转，消费者的获得感显著增强。

（三）温室气体排放标准

2016 年 6 月 1 日，11 项温室气体管理国家标准首次在我国开始实施，包括通用规则《工业企业温室气体排放核算和报告通则》，及发电、钢铁、民航、化工等 10 个重点行业温室气体排放核算方法与报告要求。

《工业企业温室气体排放核算和报告通则》规定了排放核算与报告的基本原则、工作流程、核算边界、核算步骤与方法、质量保证、报告内容等 6 项重要内容。其中，核算边界包括了企业的主要生产、辅助生产、附属生产等三大系统。核算范围包括企业生产的燃料燃烧排放，过程排放以及购入和输出的电力、热力产生的排放。

发电、钢铁、镁冶炼、平板玻璃、水泥、陶瓷、民航等 7 项温室气体排放核算和报告要求国家标准，主要规定了企业二氧化碳排放的核算要求，并对温室气体核算范围做出了明确的界定。例如，除了化石燃料燃烧、企业购入电力等产生的二氧化碳排放外，发电企业还包括脱硫过程产生的二氧化碳排放；钢铁企业还包括外购含碳原料和熔剂的分解、氧化产生的二氧化碳排放以及固碳产品隐含的排放。电网、化工、铝冶炼等 3 项温室气体排放，除规定了二氧化碳排放核算外，还包括其他温室气体排放核算。

表 14 - 2　温室气体排放标准

序号	标准号	标准名称
1	GB/T32150—2015	工业企业温室气体排放核算和报告通则
2	GB/T 32151.1—2015	温室气体排放核算与报告要求第 1 部分：发电企业
3	GB/T 32151.2—2015	温室气体排放核算与报告要求第 2 部分：电网企业
4	GB/T 32151.3—2015	温室气体排放核算与报告要求第 3 部分：镁冶炼企业
5	GB/T 32151.4—2015	温室气体排放核算与报告要求第 4 部分：铝冶炼企业
6	GB/T 32151.5—2015	温室气体排放核算与报告要求第 5 部分：钢铁生产企业
7	GB/T 32151.6—2015	温室气体排放核算与报告要求第 6 部分：民用航空企业
8	GB/T 32151.7—2015	温室气体排放核算与报告要求第 7 部分：平板玻璃生产企业
9	GB/T 32151.8—2015	温室气体排放核算与报告要求第 8 部分：水泥生产企业
10	GB/T 32151.9—2015	温室气体排放核算与报告要求第 9 部分：陶瓷生产企业
11	GB/T 32151.10—2015	温室气体排放核算与报告要求第 10 部分：化工生产企业

资料来源：国家标准委 2016 年 6 月。

二、推广重点节能减排技术

（一）国家重点节能技术

2016 年 12 月，国家发改委发布《国家重点节能低碳技术推广目录（2016 年本，节能部分)》，其中涉及电力、钢铁、建材、有色、石油石化、化工、机械、轻工、建筑等 13 个行业，共 35 项重点节能技术。我国"十二五"期间发布的国家重点节能减排技术目录发布情况见表 14 - 3。

表 14 - 3　国家发改委发布的国家重点节能低碳技术推广目录

批次	发布时间	行业类型	数量
第四批	2011 年 12 月	煤炭、电力、钢铁、有色金属、石油石化、化工、建材、机械、纺织、轻工、建筑、交通、通信	22 项
第五批	2012 年 12 月	煤炭、电力、钢铁、有色金属、石油石化、化工、建材、机械、轻工、建筑、交通、通信	49 项
第六批	2013 年 12 月	煤炭、电力、钢铁、有色金属、石油石化、化工、建材、机械、轻工、建筑、交通、通信	29 项
第七批	2014 年 12 月	煤炭、电力、钢铁、有色金属、石油石化、化工、建材、机械、轻工、建筑、交通、通信	22 项

续表

批次	发布时间	行业类型	数量
2015 年本, 节能部分	2015 年 12 月	煤炭、电力、钢铁、有色金属、石油石化、化工、建材、机械、轻工、纺织、建筑、交通、通信	266 项
2016 年本, 节能部分	2016 年 12 月	煤炭、电力、钢铁、有色金属、石油石化、化工、建材、机械、轻工、纺织、建筑、交通、通信	296 项

资料来源:国家发改委,2017 年 1 月。

(二) 节能机电设备推荐

2016 年 11 月,工业和信息化部发布《节能机电设备(产品)推荐目录(第七批)》和《"能效之星"产品目录(2016)》。

其中《节能机电设备(产品)推荐目录(第七批)》共涉及 12 大类 432 个型号产品,其中工业锅炉 12 个型号产品,变压器 42 个型号产品,电动机 54 个型号产品,电焊机 12 个型号产品,压缩机 51 个型号产品,制冷设备 219 个型号产品,塑料机械 8 个型号产品,风机 10 个型号产品,热处理 3 个型号产品,泵 18 个型号产品,干燥设备 2 个型号产品,交流接触器 1 个型号产品。

《"能效之星"产品目录(2016)》涵盖了 13 大类 86 个型号产品,其中电动洗衣机 2 个型号产品,热水器 18 个型号产品,液晶电视 12 个型号产品,房间空气调节器 1 个型号产品,家用电冰箱 13 个型号产品,变压器 14 个型号产品,电机 4 个型号产品,工业锅炉 5 个型号产品,电焊机 3 个型号产品,压缩机 6 个型号产品,塑料机械 2 个型号产品,风机 3 个型号产品,泵 3 个型号产品。

表 14 - 4　工业和信息化部节能机电设备(产品)推荐目录

时间	目录文件
2011 年	《工业和信息化节能机电设备(产品)推荐目录》(第三批)
2012 年	《工业和信息化节能机电设备(产品)推荐目录》(第四批)
2014 年	《工业和信息化节能机电设备(产品)推荐目录》(第五批)
2015 年	《工业和信息化节能机电设备(产品)推荐目录》(第六批)
2016 年	《工业和信息化节能机电设备(产品)推荐目录》(第七批)

资料来源:工业和信息化部,2017 年 1 月。

（三）其他节能减排技术

2016 年 1 月，工业和信息化部发布《关于公布通过验收的机电产品再制造试点单位名单（第一批）的通告》，公布了包括工程机械、工业机电设备、机床、矿采机械、铁路机车装备、办公信息设备六个领域 20 家再制造企业。2016 年 8 月，工业和信息化部联合环境保护部印发《水污染防治重点行业清洁生产技术推行方案》的通知，提出造纸、食品加工、制革、纺织、有色金属、氮肥、农药、焦化、电镀、化学原料药和染料颜料制造等 11 个重点行业的清洁生产技术推行方案。2016 年 8 月，工业和信息化部、国家发改委、质检总局联合发布《关于公布 2016 年度能效"领跑者"企业名单的公告》，公布了 2016 年度乙烯、合成氨、水泥、平板玻璃、电解铝行业等行业达到行业能效领先水平的"领跑者"企业 16 家，以及达到能耗限额国家标准先进值要求的入围企业 20 家名单。2016 年 11 月，工业和信息化部发布《绿色设计产品名录（第二批）》，公布了包括空气净化器、纯净水处理器、电动洗衣机、吸油烟机、储水式电热水器、家用电冰箱、房间空气调节器、卫生陶瓷、木塑型材、陶瓷砖、可降解塑料等 108 种产品型号绿色设计产品。2016 年 12 月，工业和信息化部发布《再制造产品目录（第六批）》，对 13 家企业 4 大类 47 种产品符合再制造产品进行了认定。

三、节能监察与两化融合

（一）发布《工业节能管理办法》

2016 年 4 月，工业和信息化部发布《工业节能管理办法》（以下简称《办法》），从工业节能总则、节能管理、节能监察、工业企业节能、重点用能工业企业节能、法律责任等六个方面对工业节能管理进行了详细规定。《办法》明确了工业和信息化部指导全国的工业节能监察工作，地方工业和信息化主管部门组织实施本地区工业节能监察工作。《办法》规定：各级工业和信息化主管部门应当加强节能监察队伍建设，组织节能监察机构对工业企业开展节能监察。同时，《办法》对工业节能监察的方式、程序和结果公开等作出了规定。

（二）工业节能监察

2016年3月，工业和信息化部发布《2016年工业节能监察重点工作计划》，提出要围绕重点工作，组织开展专项节能监察；依法履行职责，持续做好日常节能监察。提出要在钢铁、化工、电解铝、水泥、平板玻璃、陶瓷、电石、铁合金等行业，开展能耗限额标准执行情况专项监察。各地区要按照国务院关于化解过剩产能的有关要求以及国家现行能耗限额标准，对工业企业执行能耗限额标准情况进行专项监察。对2015年度电石、铁合金行业能耗限额标准专项监察整改落实情况进行复查，对整改不到位的，要采取纠正措施，予以处理。对电解铝企业落实阶梯电价政策情况进行专项监察。对水泥企业落实阶梯电价政策情况进行预警监察。对照在用低效电机淘汰路线图、高耗能配电变压器年度淘汰计划，结合当地实际情况，对生产和使用企业实施监察，核查落后设备淘汰情况，督导企业按要求完成停止生产和淘汰的任务。核实锅炉能源利用效率及落后锅炉淘汰任务完成情况。

为督促落实《2016年工业节能监察重点工作计划》《关于开展国家重大工业节能专项监察的通知》，确保全面完成各项重大工业节能专项监察任务，2016年10月，工业和信息化部发布《关于开展国家重大工业节能监察专项督查的通知》，决定组织开展工业节能监察专项督查工作，选择天津、河北、辽宁、吉林、山西、内蒙古、江苏、浙江、福建、江西、山东、湖南、湖北、广东、重庆、四川、云南、甘肃、宁夏、新疆等20个省（区、市）开展工业节能监察专项督查。督查内容包括钢铁企业能耗专项检查，合成氨等产品能耗限额标准贯标，电解铝、水泥行业阶梯电价政策执行，落后机电设备淘汰以及高耗能落后燃煤工业锅炉淘汰等五类专项监察任务安排部署、工作实施、结果处理、整改落实情况以及配套经费使用情况。

（三）绿色数据中心

2016年3月，针对已经确定的84个国家绿色数据中心试点单位，工业和信息化部、国家机关事务管理局、国家能源局联合发布《国家绿色数据中心试点工作方案》，方案对于监测范围、数据中心能耗测量方法，电能能效统计范围、碳排放、水资源、有毒有害物质、监测内容等方面进行了详细规定。2016年12月，工业和信息化部发布《绿色数据中心先进适用技术目录（第一批）》，遴选产生了第一批绿色数据中心先进适用技术目录，共涉及 5 类 17 项技术，其中制冷冷却 6 项、供配电 3 项、IT（信息技术）4 项、模块化 2 项、运维管理 2 项。

第三节　节能减排经济政策

一、税收政策

2016 年 5 月，财政部和国家税务总局发布《关于全面推进资源税改革的通知》，提出通过全面实施清费立税、从价计征改革，理顺资源税费关系，建立规范公平、调控合理、征管高效的资源税制度，有效发挥其组织收入、调控经济、促进资源节约集约利用和生态环境保护的作用。资源税改革主要内容包括扩大资源税征收范围，开展水资源税改革试点工作。并首先在河北省开展水资源税试点，采取水资源费改税方式，将地表水和地下水纳入征税范围，实行从量定额计征，对高耗水行业、超计划用水以及在地下水超采地区取用地下水，适当提高税额标准，逐步将其他自然资源纳入征收范围。对《资源税税目税率幅度表》中列举名称的 21 种资源品目，包括铁矿、金矿、铜矿、铝土矿、铅锌矿、镍矿、锡矿、石墨、硅藻土、高岭土、萤石、石灰石、硫铁矿、磷矿、氯化钾、硫酸钾、井矿盐、湖盐、提取地下卤水晒制的盐、煤层（成）气、海盐，和未列举名称的其他金属矿实行从价计征，计税依据由原矿销售量调整为原矿、精矿（或原矿加工品）、氯化钠初级产品或金锭的销售额，对经营分散、多为现金交易且难以控管的黏土、砂石，按照便利征管原则，仍实行从量定额计征。

2016 年 12 月，《中华人民共和国环境保护税法》在十二届全国人大常委会第二十五次会议上获表决通过，并将于 2018 年 1 月 1 日起施行。环境保护税法是对党的十八届三中全会提出"落实税收法定原则"的落实，是全国人大常委会审议通过的第一部单行税法，也是我国第一部专门体现"绿色税制"、推进生态文明建设的单行税法。环境保护税法全文包括总则、计税依据和应纳税额、税收减免、征收管理、附则 5 章和 28 条。环境保护税法的总体思路是按照"税负平移"原则，实现排污费制度向环保税制度的平稳转移。我国在 1979 年颁布的《环境保护法（试行）》确立了环境污染的排污收费制度，对影响环境的大气、水、固体、噪声等四类污染物征收排污费。环境保护税法案将保护和改善环境，减少污染物排放，推进生态文明建设写入立法宗旨，明确直接向环境排放应税污染物的企业事业单位和其他生产经营者为纳税人，确定大气污染物、水污染物、固体废物和噪声为应税污染物。

二、价格政策

2016 年 1 月，财政部、国家发改委发布了《关于提高可再生能源发展基金征收标准等有关问题的通知》，明确可再生能源电价附加自 2016 年 1 月 1 日起标准由每千瓦时 1.5 分钱提高到每千瓦时 1.9 分钱，并强调切实加强企业自备电厂等基金征收管理，各地不得擅自减免或缓征。2016 年 1 月，国家发改委会同环保部、国家能源局印发《关于实行燃煤电厂超低排放电价支持政策有关问题的通知》，对 2016 年 1 月 1 日以前已经并网运行的现役机组，对其统购上网电量加价每千瓦时 1 分钱（含税）；对 2016 年 1 月 1 日之后并网运行的新建机组，对其统购上网电量加价每千瓦时 0.5 分钱（含税）。2016 年 6 月，国家发改委发布《关于完善两部制电价用户基本电价执行方式的通知》，将基本电价计费方式变更周期从现行按年调整为按季变更，电力用户选择按最大需量方式计收基本电费的，合同最大需量核定值变更周期从现行按半年调整为按月变更，电力用户实际最大需量超过合同确定值105%时，超过105%部分的基本电费加一倍收取；未超过合同确定值105%的，按合同确定值收取；申请最大需量核定值低于变压器容量和高压电动机容量总和的40%时，按容量总和的40%核定合同最大需量；对按最大需量计费的两路及以上进线用户，各路进线分别计算最大需量，累加计收基本电费。

2016 年 8 月，国务院印发《降低实体经济企业成本工作方案的通知》，提出经过 1—2 年努力，降低实体经济企业成本工作取得初步成效，3 年左右使实体经济企业综合成本合理下降，盈利能力较为明显增强。具体包括，一是合理降低税费负担，全面推开营改增试点，年减税额 5000 亿元以上，清理规范涉企政府性基金和行政事业性收费。二是有效降低融资成本，逐步降低企业贷款、发债利息负担水平，合理降低融资中间环节费用占企业融资成本比重。三是明显降低制度性交易成本，简政放权、放管结合、优化服务改革综合措施进一步落实，营商环境进一步改善，为企业设立和生产经营创造便利条件，行政审批前置中介服务事项大幅压缩，政府和社会中介机构服务能力显著增强。四是合理控制人工成本上涨。工资水平保持合理增长，企业"五险一金"缴费占工资总额的比例合理降低。五是进一步降低能源成本。明显提升企业用电、用气定价机制市场化程度，合理降低工商业用电和工业用气价格。六是较大幅度降低物流成本。社会物流总费用占社会物流总额的比重由目前的 4.9% 降低 0.5 个百分点左右，工商业企业物流费用率由 8.3% 降低 1 个百分点左右。

2016 年 8 月，国家发改委发出《关于太阳能热发电标杆上网电价政策的通知》，核定全国太阳能热发电标杆上网电价为每千瓦时 1.15 元。2016 年 12 月，国家发改委发布了《关于调整光伏发电陆上风电标杆上网电价的通知》，继续执行新能源标杆上网电价退坡机制，降低光伏发电和陆上风电标杆上网电价，明确海上风电标杆上网电价，鼓励通过招标等市场化方式确定新能源电价。

2016 年 12 月，国家发改委颁布了《省级电网输配电价定价办法（试行）》，办法包括总则、准许收入的计算方法、输配电价的计算方法、输配电价的调整机制、附则五章，办法提出按照"准许成本加合理收益"的办法核定输配电价，以严格的成本监审为基础，弥补电网企业准许成本并获得合理收益，同时建立激励约束机制，调动电网企业加强管理、降低成本积极性，提高投资效率和管理水平。2016 年 12 月，国家发改委、工业和信息化部发布《关于运用价格手段促进钢铁行业供给侧结构性改革有关事项的通知》，提出实行更加严格的差别电价政策，对列入《产业结构调整指导目录（2011 年本）（修正）》钢铁行业限制类、淘汰类装置所属企业生产用电继续执行差别电价，其中淘汰类加价标准由每千瓦时 0.3 元提高至 0.5 元，限制类加价标准为每千瓦时 0.1 元，未按期完成化解过剩产能实施方案中化解任务的钢铁企业，其生产用电加价标准执行淘汰类电价加价标准，即每千瓦时加价 0.5 元。推行阶梯电价政策，结合《粗钢生产主要工序单位产品能源消耗限额》，对除执行差别电价以外的钢铁企业，生产用电实行基于粗钢生产主要工序单位产品能耗水平的阶梯电价政策，第一档不加价，第二档每千瓦时加价 0.05 元，第三档每千瓦时加价 0.1 元。

三、金融政策

2016 年 8 月 31 日，中国人民银行、财政部等七部委联合印发了《关于构建绿色金融体系的指导意见》，提出了包括通过再贷款、专业化担保机制、绿色信贷支持项目财政贴息、设立国家绿色发展基金等措施。明确了证券市场支持绿色投资的重要作用，要求统一绿色债券界定标准，积极支持符合条件的绿色企业上市融资和再融资，支持开发绿色债券指数、绿色股票指数以及相关产品，逐步建立和完善上市公司和发债企业强制性环境信息披露制度。此外，还提出发展绿色保险和环境权益交易市场，按程序推动制订和修订环境污染强制责任保险相关法律或行政法规，支持发展各类碳金融产品，推动建立环境权益交易市场，发展各类环境权益的融资工具。支持地方发展绿色金融，鼓励有条件的地方通过专业化绿色担保机制、设立绿色发展基金等手段撬动更多的社会资本投资绿色产业。同时，还要求广泛开展绿色金融领域国际合作，继续在二十国集团（G20）框架下推动全球形成共同发展绿色金融的理念。

第十五章　2016 年中国工业节能减排重点政策解析

　　未来五年，是落实制造强国战略的关键时期，是实现工业绿色发展的攻坚阶段。为贯彻落实绿色发展新理念，加快实施《中国制造 2025》，推进生态文明建设，促进工业绿色发展，2016 年，工业和信息化部发布《工业绿色发展规划（2016—2020 年）》和《绿色制造工程实施指南》。工业绿色发展规划为"十三五"时期工业绿色发展的目标原则、主要任务及保障措施作出明确部署，绿色制造工程是推进和落实《中国制造 2025》战略的重要抓手，绿色制造工程实施指南明确了推进绿色制造工程的主要思路、基本原则、主要目标和重点内容、保障措施。

第一节　工业绿色发展规划（2016—2020 年）

一、发布背景

　　为贯彻落实绿色发展新理念，加快实施《中国制造 2025》，促进工业绿色发展，工业和信息化部制定《工业绿色发展规划（2016—2020 年）》（以下简称《规划》），为"十三五"时期工业绿色发展的目标原则、主要任务及保障措施作出明确部署。《规划》主要包括面临的形势、总体要求、主要任务和保障措施等四个部分。其中十大主要任务包括大力推进能效提升、大幅减少污染排放、加强资源综合利用、削减温室气体排放、提升科技支撑能力、加快构建绿色制造体系、推进工业绿色协调发展、实施绿色制造＋互联网、提高绿色发展基础能力、促进工业绿色开放发展。

二、政策要点

（一）工业绿色发展指导思想和原则

贯彻落实党的十八大及十八届三中、四中、五中、六中全会精神，全面落实制造强国战略，坚持节约资源和保护环境基本国策，高举绿色发展大旗，紧紧围绕资源能源利用效率和清洁生产水平提升，以传统工业绿色化改造为重点，以绿色科技创新为支撑，以法规标准制度建设为保障，实施绿色制造工程，加快构建绿色制造体系，大力发展绿色制造产业，推动绿色产品、绿色工厂、绿色园区和绿色供应链全面发展，建立健全工业绿色发展长效机制，提高绿色国际竞争力，走高效、清洁、低碳、循环的绿色发展道路，推动工业文明与生态文明和谐共融，实现人与自然和谐共融。

工业绿色发展规划包括四项基本原则：一是以科技创新促进工业绿色发展，以标准引导绿色消费；二是以政策引导形成有效机制，以市场推动工业绿色发展；三是加快传统制造业绿色改造升级，以标准引领绿色发展；四是坚持以试点示范为重点突破口，全面推进解决行业、企业中的环境问题。

（二）工业绿色发展的主要目标

到 2020 年，绿色发展理念成为工业全领域全过程的普遍要求，能源利用效率显著提升，资源利用水平明显提高，清洁生产水平大幅提升，工业绿色发展推进机制基本形成，绿色制造产业快速发展，绿色制造产业成为经济增长新引擎和国际竞争新优势，绿色制造体系初步建立。

（三）工业绿色发展规划的重点内容

1. 大力推进能效提升，加快实现节约发展

"大力推进能效提升，加快实现节约发展"是《工业绿色发展规划（2016—2020 年）》十大重点任务之首。包括以供给侧结构性改革为导向推进结构节能、以先进适用技术装备应用为手段强化技术节能、以能源管理体系建设为核心提升管理节能、加强工业节水、推广节材技术工艺等五方面。

"十三五"时期，我国工业将以系统节能改造为突破口，促进工业节能从局部、单体节能向全流程、系统性优化转变，实现工业能源利用效率大幅提

升。在继续推进单体节能的同时，更加注重设备、企业、园区的多层级系统节能，在抓好重点行业节能的同时，面向工业全行业全面推进工业节能，在继续重视大企业能效提升的同时，着力推动中小企业节能。

2. 扎实推进清洁生产，大幅减少污染排放

"十三五"时期我国工业清洁生产推行的主要思路是：按照全生命周期污染防治理念，围绕国家"十三五"污染物减排要求，以提升工业清洁生产水平为目标，针对产品生命周期的各个环节创新清洁生产推行方式，从关注常规污染物减排向特征污染物减排转变，深入开展绿色设计、有毒有害原料替代、生产过程清洁化改造和绿色产品推广，创新清洁生产管理和市场化推进机制，强化激励约束作用，突出企业主体责任，实现减污增效，绿色发展。

3. 加强资源综合利用，持续推动循环发展

深入推进资源综合利用，将有力地促进经济发展从低成本要素投入、高生态环境代价的粗放模式向创新发展和绿色发展双轮驱动模式转变，能源资源利用从低效率、高排放向高效、绿色、安全转型。"十三五"时期经济建设和生态文明建设要协调推进，资源综合利用在其中发挥着必不可少的重要作用，要加大工业资源综合利用力度，持续推动循环经济发展。

"十三五"时期应加大工业资源综合利用力度，推进资源综合利用向高值化、规模化、集约化方向发展，建立技术先进、清洁安全、吸纳就业能力强的现代化工业资源综合利用产业新模式，促进工业领域资源综合利用与信息产业、工业服务业、城镇化建设和社会管理服务深度融合，持续推动循环经济发展。

4. 削减温室气体排放，积极促进低碳转型

随着我国工业发展进入新常态，我国产业结构发生了重大变化，钢铁、水泥等产业出现明显的产能过剩，部分行业的碳排放量接近峰值。控制部分行业的碳排放量，有助于推动我国工业低碳转型发展。"十三五"规划中明确提出，应有效控制电力、钢铁、建材、化工等重点行业碳排放，推进工业等重点领域低碳发展。《规划》中提出，2020年单位工业增加值二氧化碳排放要比2015年下降22%，绿色低碳能源占工业能源消费量比重达到15%。这些要求必将推动工业低碳转型发展，对未来工业发展产生重要而深远的影响。工业是碳减排的重点领域，为实现2020年碳减排的艰巨目标任务，必须在加

大工业节能力度的同时多举措并行。

5. 加强工业节水，提高用水效率

深化工业节水工作是推动我国水资源可持续利用，缓解水资源环境压力的重要战略举措。《规划》深入贯彻落实《关于实行最严格水资源管理制度的意见》《水污染防治行动计划》和《中国制造2025》等国务院文件精神，明确了"十三五"时期工业节水三大重点方向：一是强化高耗水行业节水管理和技术改造；二是推进水资源循环利用和废水处理回用；三是加快中水、再生水、海水等非常规水资源的开发利用。

6. 加快构建绿色制造体系，发展壮大绿色制造产业

《规划》提出"围绕绿色产品、绿色工厂、绿色园区和绿色供应链构建绿色制造标准体系"，同时注重平台建设、国际合作和政策工具创新。

三、重点内容解析

（一）大力推进能效提升，加快实现节约发展

1. 结构节能

推进工业节能，优化工业结构是根本，优化能源消费结构是关键。"十三五"时期，工业内部结构优化将是实现工业节能目标的主要途径。结构优化包括能源消费结构优化、产品结构优化和产业结构优化，"十三五"时期我国工业将围绕上述领域推动结构节能。首先，推进产业结构优化，一方面提高高耗能行业准入门槛，积极淘汰落后和化解过剩产能，严控新增产能，另一方面，加快能耗低、污染少、高附加值、高技术含量的绿色产业发展。其次，推进产品结构优化，积极开发高附加值、低能源消耗、低排放的产品。最后，降低传统能源使用和提高煤炭清洁高效利用水平以实现优化能源消费结构。

2. 技术节能

技术进步是提升工业能效的不竭动力，是实现工业节能目标的重中之重。"十三五"时期，要通过系统性、综合性的节能技术改造，鼓励应用先进适用技术装备，持续激发工业节能潜力。首先，继续推动钢铁、建材、有色金属、化工、纺织、造纸等高耗能行业节能技术改造。其次，大力提升工业锅炉、窑炉、电机系统、配电变压器等高耗能通用设备能效水平。再次，鼓励先进

节能技术的集成优化运用，加强能源梯级利用。最后，推动余热余压高效回收利用，推进钢铁、化工行业低品位余热向城市居民供热，促进产城融合。

3. 管理节能

管理节能是企业节能工作中的薄弱环节。"十三五"时期，要以能源管理体系建设为主线，坚持标准宣贯和制度建设双管齐下，构建工业节能管理长效机制。第一，围绕重点企业提升能源管理水平，推动重点企业能源管理体系建设。第二，通过施行"能效领跑者"制度，开展能效对标达标工作，带动重点行业提高整体能效。第三，搭建公共服务平台，组织开展节能服务公司进企业活动，帮助中小工业企业提升节能管理能力，提高中小企业能源管理意识。第四，以强制性能耗、能效标准贯标及落后用能设备淘汰等为重点，依法实施能耗专项监察和工作督查。第五，持续完善健全工业节能监察体系和工作机制，提升节能监察人员业务水平，有效服务于工业节能与绿色发展。

（二）扎实推进清洁生产，大幅减少污染排放

清洁生产是从源头提高资源利用效率、减少或避免污染物产生的有效措施。当前，我国工业污染物减排仍面临巨大压力，清洁生产技术水平仍有很大提升空间。"十三五"时期我国工业清洁生产推行的主要思路是：按照全生命周期污染防治理念，围绕国家"十三五"污染物减排要求，以提升工业清洁生产水平为目标，针对产品生命周期的各个环节创新清洁生产推行方式，从关注常规污染物减排向特征污染物减排转变，深入开展绿色设计、有毒有害原料替代、生产过程清洁化改造和绿色产品推广，创新清洁生产管理和市场化推进机制，强化激励约束作用，突出企业主体责任，实现减污增效，绿色发展。

"十三五"时期工业清洁生产的主要目标是：到 2020 年，重点区域、重点流域清洁生产水平大幅提升，重点行业主要污染物排放强度累计下降 20%；针对具体污染物，通过实施传统产业清洁化改造工程，实现全国削减烟粉尘 100 万吨/年、二氧化硫 50 万吨/年、氮氧化物 180 万吨/年，削减废水 4 亿吨/年、化学需氧量 50 万吨/年、氨氮 5 万吨/年，削减汞使用量 280 吨/年，减排总铬 15 吨/年、总铅 15 吨/年、砷 10 吨/年；到 2020 年，创建百家绿色设计示范企业，百家绿色设计中心，力争开发推广万种绿色产品。

针对产品生命周期的关键环节，"十三五"工业清洁生产设置了五项重点任务：

1. 减少有毒有害原料使用

鼓励企业在生产过程中使用无毒无害或低毒低害原料，从源头减少污染物的产生，积极推进有毒有害物质替代品，适时修订国家鼓励的有毒有害原料替代目录，推广使用评估目录中的各种绿色原料。认真贯彻落实八部委《电器电子产品有害物质限制使用管理办法》以及《汽车产品有害物质和可回收利用率管理要求》，推进重点产品中有毒有害物质的限制使用。

2. 推进清洁生产技术改造

结合"大气十条""水十条""土十条"的贯彻落实，针对二氧化硫、氮氧化物、化学需氧量、氨氮、烟（粉）尘等常规污染物，积极引导重点行业企业实施清洁生产技术改造。针对重金属、持久性有机污染物、挥发性有机物等非常规污染物，继续实施高风险污染物削减行动计划，强化汞、铅、高毒农药等减量替代，逐步扩大实施范围，降低环境风险；推进工业领域土壤污染源头防治，推广先进适用的土壤修复技术装备和产品。

3. 开展绿色产品开发和推广

引导企业开发绿色产品，推行生态设计，着力提高产品节能环保低碳水平，带动绿色生产和绿色消费。充分发挥市场机制作用，积极推进绿色产品第三方评价和认证，发布工业绿色产品目录，引导绿色生产，促进绿色消费。建立监管机制，壮大绿色企业。进一步转变职能，创新行业管理方式，推行企业社会责任报告制度，开展绿色评价。增加绿色服务供给能力，倡导绿色消费，弘扬绿色文化。

4. 推广绿色基础制造工艺

选择一批铸、锻、焊、热处理等行业的龙头企业实施"绿色基础制造工艺技术与装备应用示范"，针对基础工艺关键工序开展生产工艺绿色化改造，重点推广绿色、先进的铸造、锻压、焊接、切削、热处理、表面处理等基础制造工艺技术与装备。建立绿色化数字化车间/工厂，建立数字化、柔性化、绿色、高效的铸造车间，以锻压设备为中心构建数字化冲压车间，建设数字化焊接车间、数字化热处理车间、高效绿色切削加工中心。

5. 创新清洁生产管理和服务

《规划》中提出：推进清洁生产管理服务的载体创新，利用互联网、大数据等信息化手段，构建"互联网＋"清洁生产信息化服务平台。推进清洁生产管理服务的模式创新，对于大型企业，继续发挥其清洁生产引领示范作用；对于行业、工业园区和集聚区，探索开展清洁生产整体推行模式；对于中小企业，加大政策支持力度，尝试清洁生产义务诊断等创新服务模式。鼓励清洁生产中心、行业协会、咨询机构等创新服务模式，加快向市场化方向转变，不断提升服务机构的服务能力。

（三）加强资源综合利用，持续推动循环发展

1. 继续推进工业固体废物综合利用

开展工业固体废物综合利用基地建设评估验收，支持创建资源综合利用示范基地，支持尾矿、粉煤灰等大宗工业固废资源综合利用重大示范工程。开展水泥窑协同处置生活垃圾试点，制定行业规范条件。"十三五"要在总结"十二五"期间第一批工业固体废物综合利用基地建设试点经验的基础上，围绕大宗工业固废及主要再生资源，选择产业集聚和示范效应明显的地区，扩大基地建设试点范围，依托基地建设，实施一批示范性强、辐射力大的重点项目，打造完整的工业固体废物综合利用产业链。

2. 加快推动再生资源高效利用及产业规范发展

以废钢铁、废有色金属、废纸、废橡胶、废塑料、废油、废旧电器电子产品、报废汽车、废旧纺织品、废旧动力电池、建筑废弃物等主要再生资源为重点，加强行业规范管理，定期发布符合行业规范条件的企业名单，开展试点推动落实生产者责任延伸制度。

3. 积极发展再制造

在传统机电产品、高端装备、在役装备等重点领域，打造若干再制造产业示范区。加强再制造关键共性技术工艺的研发与推广。引导再制造企业建立覆盖再制造全流程的产品信息化管理平台，促进再制造规范健康发展。推进产品认定，鼓励再制造产品推广应用。

4. 全面推行循环生产方式

在钢铁、有色、化工、建材等重点行业，按照物质流和关联度统筹布局，促进企业间、园区间、产业间耦合共生，减少原料使用和废物排放。利用现有水泥窑协同处置生活垃圾、污泥等固体废物，推进生产与生活系统循环链接，推动各类园区的循环化改造。

（四）削减温室气体排放，积极促进低碳转型

1. "十三五"工业低碳转型发展坚持三点原则

1）坚持创新驱动和标准引领

低碳技术、工艺、产品和设备的创新和推广应用，是推动工业低碳转型发展，降低工业碳排放水平的基本途径。工业领域低碳技术涉及广泛，包括太阳能等新能源、智能微电网、新能源汽车、二氧化碳捕集利用与封存等，推动这些低碳技术的创新和应用，不仅降低工业碳排放水平，而且有助于提升工业产品的竞争力。通过建立和完善低碳标准体系，积极引领低碳产品、低碳技术和低碳产业的发展与壮大。

2）坚持政策引导和市场推动

一方面，无论是我国2020年和2030年应对气候变化目标的实现，还是钢铁、水泥等重点行业碳排放水平的降低，都离不开相关政策的引导，离不开相关政策体系的建立和完善。另一方面，要发挥政策引导的作用，必须重视和发挥市场机制的决定性作用，尤其对于工业低碳转型发展，更是需要通过建立碳排放权交易市场，通过完善的碳排放权初始分配和企业自愿减排行动，增强企业降低碳排放的激励，降低工业低碳转型发展的成本。

3）坚持全面推进和重点突破

由于我国工业化和城镇化进程在不同区域发展的不平衡，以及工业内部不同行业碳排放水平的不平衡，工业低碳转型发展不宜采用"一刀切"模式，只有结合不同地区和不同行业的碳排放特征，坚持全面推进和重点突破相结合的模式，优先在一些发展水平较高和条件较好的区域，以及一些温室气体排放比较突出的行业先行开展碳排放控制，率先实现低碳转型发展，最终实现工业整体的低碳转型发展。

2. "十三五"工业低碳转型发展的三大举措

1）推进重点行业低碳转型

推进重点行业率先进行低碳转型，符合我国行业发展不平衡的现实，有利于实现工业低碳转型发展的重点突破。进入新常态之后，我国产业结构正在发生重大变化，第三产业比重开始超过第二产业，同时，钢铁、水泥等部分产业出现明显产能过剩，部分行业碳排放正在接近或达到峰值，适时控制重点行业碳排放水平，有助于推动我国工业更快实现低碳转型发展。

2）控制工业过程温室气体排放

由于我国工业规模基数大，其碳排放总量也比较大。控制工业过程温室气体排放可减少强温室效应的温室气体的总排放。这主要包括三个方面：一是在水泥、钢铁、石灰、电石、己二酸、硝酸、化肥、制冷剂等重点行业，控制生产过程中产生的二氧化碳、氧化亚氮、氢氟碳化物等温室气体；二是以低温室气体排放的原料替代高温室气体排放的原料；三是开展产品替代，以低碳排放的新型水泥、新型钢铁材料替代高碳排放的传统水泥、传统钢材等。

3）开展工业低碳发展试点示范

规划提出要加大低碳工业园区建设力度，继续开展园区试点示范。在建材、化工等行业推进碳捕集、利用与封存示范工程，促进二氧化碳资源化利用。2014年以来，国家先后批复51家园区的国家低碳工业园区试点实施方案。而碳捕集、利用与封存工作同样需要开展试点示范，从技术上看，钢铁、水泥、化工等行业都可以推动碳捕集、利用与封存工作，但不同行业二氧化碳气体成分浓度、行业规模、成本等不同，究竟哪个行业或哪个环节更适合，通过先行试点示范验证和探索，可以更加因地制宜地把工作向前推进。

（五）加强工业节水，提高用水效率

水资源短缺、水污染严重、水生态恶化等问题严重制约着工业绿色可持续发展。《规划》中提出加强工业节水管理，提升工业用水效率一系列举措，明确了"十三五"时期工业节水工作的方向和任务，对促进水资源可持续利用和工业绿色发展具有重要意义。

1."十三五"工业节水重点方向

1）高耗水行业节水管理和技术改造是"十三五"工业节水的重中之重

钢铁、化工、造纸、印染等高耗水行业是工业节水工作的主战场，《规划》提出围绕这些重点行业强化节水管理，实施节水技术改造。首先，加强工业用水源头监管，严格落实重点行业新建企业（项目）节水设施与主体工程同时设计、同时施工、同时投运"三同时"制度，加强缺水地区重点行业用水效率评估审查，从源头提升用水效率。其次，推动重点行业企业定期开展节水测试，编制用水评估报告，建立供水计量体系和用水在线监测系统。继续编制并发布国家鼓励的工业节水工艺、技术和装备目录，引导企业推广应用先进适用的绿色节水技术装备。根据产业发展实际情况，制定并实施分年度的高耗水产能淘汰方案，加快淘汰落后高用水工艺、设备和产品。

2）推进水资源循环利用和废水处理回用

《规划》强调统筹工业节水与污染防治，落实节水即减污的理念，利用水资源循环利用、废水处理后回收利用等手段，强化过程循环和末端回用，推动工业节水减污协同治理。鼓励企业使用先进的水处理技术工艺装备，大力提高水循环利用率，降低单位产品取水量。加强工业废水深度处理，废水水质达到需求标准后进行充分回用，减少生产过程和水循环系统的废水排放量。加快培育节水和废水处理回用专业技术服务体系，鼓励专业节水服务公司联合设备供应商、融资方和用水企业，实施水资源循环利用和废水处理回用项目。在造纸、钢铁等高耗水、重污染行业，逐步推广特许经营、委托营运等专业化模式，提高企业节水管理能力和废水资源化利用率。鼓励各级工业园区采取统一供水、废水集中治理模式，实施专业化运营，实现水资源梯级优化利用和废水集中处理回用。

3）加快非常规水资源开发利用

我国非常规水资源开发潜力巨大，《规划》强调深入挖掘非常规水资源开发利用潜力，推进海水、矿井水、雨水、再生水、微咸水等非常规水资源的开发利用。各地区可以结合辖区非常规水资源实际情况，推动特色优势非常规水资源的开发利用，推动工业用水多元化。沿海缺水地区重点推进海水利用，资源型城市积极推进矿区开展矿井水的开发利用，各地可结合海绵城市建设，推动雨水蓄积用于工业生产。

2. 主要措施

加强工业节水，提高用水效率，是推动工业绿色发展不可或缺的重要环节，要求我们在准确把握三大重点方向的基础上，找准着力点和突破口，采取切实有力的措施，落实《规划》提出的工业节水目标。

1）实施工业企业水效领跑者引领行动

工业企业水效领跑者是指同类可比范围内用水效率处于领先水平的企业。综合考虑企业的取水量、节水潜力、技术发展趋势以及用水统计、计量、标准等情况，从钢铁、火电、纺织印染、造纸、石化、化工等高耗水行业中，挑选技术水平先进、用水效率领先的标杆企业实施水效领跑者引领行动。实施用水企业水效领跑者引领行动将推动工业企业不断改进技术、加强管理，实现从"要我节水"到"我要节水"的观念转变，预计可以使重点用水行业用水量降低 8 个百分点以上，实现年节约用水 10 亿立方米以上，并大幅度减少工业废水排放。

2）切实加强重点行业取水定额管理

严格执行取水定额国家标准，强化高耗水行业企业生产过程和工序用水管理。加大监察力度，对不符合标准要求的企业，限期整改。加快完善取水定额标准体系建设，结合行业发展情况对已发布的取水定额国家标准进行及时修订。高耗水企业应深入挖掘节水潜力，根据行业取水定额要求制定节水计划和目标。

3）加快培育壮大工业节水产业

工业节水产业的主要目标是提高用水效率、防治水污染、节约水资源，包括节水工艺设计、技术开发、装备制造、产品推广、咨询服务、工程承包和委托运营等一系列活动。

（六）加快构建绿色制造体系，发展壮大绿色制造产业

绿色金融是《规划》发展绿色工业的重要抓手。实际上，无论是绿色工业技术研发应用，还是绿色新兴产业发展，都需要大规模绿色投资，这无疑对创新金融服务提出了更高要求。《规划》实施过程中可吸收发达国家的先进经验，工信、银监、保监等部门形成联动，引导国内外各类金融机构参与绿色制造体系建设，鼓励金融机构为企业量身定制绿色信贷、绿色保险、绿色债券等绿色金融产品。同时，探索利用风险资金、私募基金等新型融资手段，逐步建立适合绿色发展的风险投资市场，借力金融工具和资本市场为工业绿色发展"插上翅膀"。助推工业企业加快绿色转型的同时，带动国内绿色金融市场不断发展壮大。

工业绿色发展不是单个企业的孤立行为，而是渗透到产品生命周期的各个阶段。因此，工业绿色发展必须全产业链发力，支撑绿色发展的服务平台和政策体系建设要具有前瞻性和系统性，从绿色创新的前端到后端、从绿色创新到绿色产业、从标准体系到评价机制、从政策法规到投融资工具、从加强国际合作到引导公众舆论，覆盖工业绿色发展体系的方方面面。

第二节 绿色制造工程实施指南（2016—2020 年）

2016 年 9 月，工业和信息化部、发改委、财政部、科技部联合印发了《绿色制造工程实施指南（2016—2020 年)》，绿色制造工程实施指南是贯彻落实《中国制造 2025》战略的重要抓手，对建立我国绿色制造体系具有重要意义。

一、发布背景

绿色发展是国际大趋势。当前随着工业化和城市化进程在全球快速发展，资源与环境问题日益成为人类面临的共同挑战，追求可持续发展已经成为势在必行的发展共识，这一共识推动全球形成绿色发展的大潮流。尤其随着应对气候变化工作日益紧迫，实现绿色增长和实施绿色新政正在成为全球治理体系中的重要内容，在这种背景下，全球主要国家都把发展绿色经济，作为抢占未来国家竞争主动权的国家战略。另一方面，以新一代信息技术、新能源技术引领的科技革命正在进行，这促使了全球的制造业产生大变革，自 2008 年国际金融危机以来，国际制造业版图正在发生巨大变化，发达国家开始不断加强制造业人才优势，并着力降低制造成本，同时发展中国家都在努力增强本国的供应商网络优势，中国作为制造业大国，正面临发达国家和发展中国家的前后夹击。

绿色制造是生态文明建设的重要内容。工业为社会创造了巨大财富，提高了人民的物质生活水平，但同时也消耗了大量资源，给生态环境带来了巨大压力，影响了人民生活质量的进一步提高。自改革开放以来，我国工业得到快速发展，形成了比较完备的制造体系，成为全球第一制造大国，在这一过程中由于历史和技术的限制，产生了比较突出的资源问题、环境问题和生态问题。我国把节约资源和保护环境作为基本国策，工业发展一直高度重视资源节约和生态环境保护工作。党的十八大报告更是首次单篇论述了生态文明建设，《中共中央国务院关于加快推进生态文明建设的意见》的发布，首次以党中央、国务院名义对生态文明建设进行专题部署，强调加快生态文明建设，实施绿色发展。绿色制造工程是我国制造业实现绿色发展的关键举措，是生态文明建设的重要内容。

绿色制造是工业转型升级的必由之路。我国制造业经过30多年的快速发展，虽然已经成为制造大国，但我国尚未摆脱高投入、高消耗、高排放的发展方式，绿色发展水平与国际先进国家相比，仍存在较大差距。例如我国工业排放的二氧化硫、氮氧化物和粉尘分别占全国排放总量的90%、70%和85%，大大超过发达国家的水平。随着我国人均收入水平提高，人们对生活质量的需求增强，在这样的情况下，作为生活质量重要内容的环境质量，成为人们迫切的需求。我国长期粗放式发展造成的环境污染问题，如雾霾，开始大范围持续性频发，已经严重影响全国多数地区的日常生活，迫切需要加快绿色发展，以改变高投入、高消耗、高排放的传统发展模式，开展绿色制造，提升制造业的国际竞争力。针对这一情况，我国政府审时度势，相继提出加强生态文明建设，推动绿色发展的重大战略。在工业领域，2015年我国发布"中国制造2025"战略，其中明确提出要推进制造业绿色发展，绿色制造工程的实施是对"中国制造2025"战略的贯彻落实。

二、政策要点

（一）实施绿色制造工程的总体思路和原则

总体思路强调，全面落实制造强国建设战略，强化绿色发展理念，紧紧围绕制造业资源能源利用效率和清洁生产水平提升，以制造业绿色改造升级为重点，以科技创新为支撑，以法规标准绿色监管制度为保障，以示范试点为抓手，加大政策支持力度，加快构建绿色制造体系，推动绿色产品、绿色工厂、绿色园区和绿色供应链全面发展，壮大绿色产业，增强国际竞争新优势，实现制造业高效清洁低碳循环和可持续发展，促进工业文明与生态文明和谐共融。

实施绿色制造工程，要坚持重点突破和全面协调推进。着力解决重点区域、重点行业和重点企业发展中的资源环境问题，开展试点示范、专项行动和重大项目建设。要坚持企业主体和践行社会责任，进一步突出企业绿色制造主体作用，实现经济、社会和生态效益共赢。要坚持政策引导和强化绿色监管，充分发挥政府在推进制造业绿色发展中的引导作用，切实转变政府职能，严格节能评估审查、节能监察和环境监管执法，为企业推进绿色制造创造公平竞争环境和制度保障。

（二）实施绿色制造工程的主要目标

到2020年，绿色制造水平明显提升，绿色制造体系初步建立。企业和各级政府的绿色发展理念显著增强，与2015年相比，传统制造业物耗、能耗、水耗、污染物和碳排放强度显著下降，重点行业主要污染物排放强度下降20%，工业固体废物综合利用率达到73%，部分重化工业资源消耗和排放达到峰值。规模以上单位工业增加值能耗下降18%，吨钢综合能耗降到0.57吨标准煤，吨氧化铝综合能耗降到0.38吨标准煤，吨合成氨综合能耗降到1300千克标准煤，吨水泥综合能耗降到85千克标准煤，电机、锅炉系统运行效率提高5个百分点，高效配电变压器在网运行比例提高20%。单位工业增加值二氧化碳排放量、用水量分别下降22%、23%。节能环保产业大幅增长，初步形成经济增长新引擎和国民经济新支柱。绿色制造能力稳步提高，一大批绿色制造关键共性技术实现产业化应用，形成一批具有核心竞争力的骨干企业，初步建成较为完善的绿色制造相关评价标准体系和认证机制，创建百家绿色工业园区、千家绿色示范工厂，推广万种绿色产品，绿色制造市场化推进机制基本形成。制造业发展对资源环境的影响初步缓解。

（三）实施绿色制造工程的重点内容

实施指南重点围绕"传统制造业绿色化改造示范推广""资源循环利用绿色发展示范应用""绿色制造技术创新及产业化示范应用""绿色制造体系构建试点"四个方面提出具体工作部署，其中传统制造业绿色化改造示范推广要实施生产过程清洁化改造、能源利用高效低碳化改造、水资源利用高效化改造、基础制造工艺绿色化改造。资源循环利用绿色发展示范应用要强化工业资源综合利用、推进产业绿色协同衔接、培育再制造产业。绿色制造技术创新及产业化示范应用，要突破节能关键技术装备，开发资源综合利用适用技术装备。绿色制造体系构建试点，要以企业为主体，以标准为引领，以绿色产品、绿色工厂、绿色工业园区、绿色供应链为重点，以绿色制造服务平台为支撑，推行绿色管理和认证，加强示范引导，全面推进绿色制造体系建设。

三、政策解析

（一）实施绿色制造工程的重要意义

实施绿色制造工程具有重要意义：首先，实施绿色制造工程是加强生态文明建设，推动绿色发展，落实"中国制造2025"战略的重要举措。《中国制造2025》提出全面推动工业绿色发展等基本方针和主要任务，实施绿色制造工程是对这一方针和任务的落实，也是推动工业绿色发展的重要内容，是制造业实现生态文明的关键。其次，实施绿色制造工程是提升我国制造业竞争力的重要举措。改革开放以来，我国制造业取得了举世瞩目的成就，已成为世界第一制造大国，但这种成绩取得的同时，高投入、高消耗、高污染的发展模式，经过长期的发展，也对我国的资源、环境、生态造成了显著的影响，制造业的这种发展模式是不可持续的，实施绿色制造工程，是对这种落实发展模式的变革，有助于提升我国制造业的未来竞争力。最后，实施绿色制造工程是改善人们生活质量的重要举措，我国能源的70%由工业消耗，同时工业也造成了大量环境污染，资源环境承载能力已近极限，实施绿色制造工程，降低能源和资源消耗，降低污染物排放，是从根本上改善环境和生活质量的重要途径。

（二）实施绿色制造工程重点内容解析

1. 传统制造业绿色化改造示范推广

传统制造业绿色化改造示范推广主要围绕生产过程的清洁化改造、能源利用的高效低碳化改造、水资源利用的高效化改造、基础制造工艺的绿色化改造四个方面进行。传统制造业绿色化改造示范推广主要围绕生产过程清洁化改造、能源利用高效低碳化改造、水资源利用高效化改造、基础制造工艺绿色化改造四个方面进行。生产过程进行清洁化改造，将通过对重点区域、流域、行业实施清洁生产技术改造，实施水污染防治重点行业清洁生产技术推行方案，建设一批清洁化改造示范项目，削减生产过程中的二氧化硫、氮氧化物和烟粉尘等污染物排放。同时还要加强工业有毒有害污染控制，开展重点工业行业挥发性有机物（VOCs）削减专项行动，支持一批汞、铅、高毒农药等高风险污染物削减项目。能源利用高效低碳化改造，重点通过建设完善企业能源管控中心，在钢铁、有色、铁合金、石化、化工、水泥、造纸等行业重点推广原料优化、能源梯级利用、可循环、流程再造等系统优化工艺技术。在工业企业和园区推广可再生能源，鼓励建设分布式能源和微电网，并通过重点实施高耗能设备系统节能改造，余热余压高效回收等措施，使到2020年锅炉、电机、内燃机系统平均运行效率提高 5 个百分点，高效配电变压器在网运行比例提高 20%，中低品位余热余压利用率达到 80%。水资源利用高效化改造重点围绕化工、钢铁、造纸、印染、食品药品等高耗水行业，推广一批先进适用工业节水技术，并大力推进工业企业水效对标达标活动，积极开展节水技术改造，加快推广应用非常规水资源。到 2020 年，实现年节水量 20 亿立方米以上。基础制造工艺绿色化改造，主要通过铸锻焊切削制造工艺改造专项和热处理清洁化专项，减少铸造、锻压、焊接、表面处理、切削等基础加工工艺的能源、水、原料、材料等使用和污染物的排放，推动传统基础制造工艺绿色化、智能化发展，建设一批基础制造工艺绿色化示范工程。到 2020 年，传统机械制造节能 15% 以上，节约原辅材料 20% 以上，减少废弃物排放 20% 以上。

2. 资源循环利用绿色发展示范应用

资源循环利用是通过物质闭路循环和能量梯次使用实现资源的减量化、再利用、资源化，是实现节能减排、绿色制造的有效途径。资源循环利用绿色发展示范应用主要包括三方面内容：一是强化工业资源综合利用，包括加强冶金渣、冶炼尘泥、尾矿、化工废渣、煤电固废等难利用固废的高值化利用，加强废有色金属、废弃电子产品、废旧轮胎等不同再生资源的回收利用，开展水泥窑协同处置试点示范等。二是推进产业绿色协同衔接，包括在不同工业行业，工业同农业和生活等不同领域中构建生态衔接，在京津冀、长江经济带等重点区域探索资源综合利用产业区域协同发展新模式，促进区域间的协同发展。三是培育再制造产业，实施高端再制造、智能再制造和在役再制造，到 2020 年，再制造技术工艺达到国际先进水平，再制造产业规模达到 2000 亿元。

3. 绿色制造技术创新及产业化示范应用

绿色制造技术创新及产业化示范应用主要包括三方面内容：一是突破节能关键技术装备，在节煤、节电、余能回收利用、高效储能、智能控制等领域加大研发和示范力度，培育一批有核心竞争力的骨干企业，突破 40 项具有自主知识产权的重大节能技术装备。力争到 2020 年，节能产业产值达到 1.7 万亿元。二是提升重大环保技术装备，包括组织实施先进环保技术装备应用示范工程，引导环保技术装备产业升级，制定实施（大气治理行业）环保装备制造行业规范条件，发布一批规范企业名单，规范行业发展；发布一批落后环保技术装备负面清单，提高企业进入环保技术装备行业的门槛。三是开发资源综合利用适用技术装备，包括开发一批关键核心技术和适合推广及产业化的成套装备，依托骨干企业、重点高校、科研院所等机构，培育一批资源综合利用产业创新中心。

4. 绿色制造体系构建试点

一是建立健全绿色标准。建立相应的标准体系作为绿色制造发展的基础，发布《绿色制造标准体系建设指南》，推进对绿色制造标准的引导和管理，强化标准宣贯和应用服务，开展标准实施效果评估。二是开发绿色产品，绿色产品是绿色制造能力水平的集中体现，反映了产品在全生命周期内的绿色水平，在初步建立的工业产品绿色设计推进机制和绿色产品评价标准体系基础上，加快绿色产品标准制定，强化标准实施，深入推进绿色设计示范企业创建试点工作。计划到 2020 年，开发 10000 家绿色产品。三是是创建绿色工厂。工厂是整个制造业的物质载体，制造业对能源的消耗和污染物的排放，也主要发生在工厂这个环节，通过制定绿色工厂创建指南和通则，选择一批基础好的企业率先开展试点，再择优选取示范企业树立标杆，带动更多企业创建绿色工厂，到 2020 年，创建 1000 家绿色示范工厂。四是创建绿色园区，我国目前全国各类规模的工业园区约有 6800 多家，园区制造业产值占制造业总产值的绝大部分，以园区为抓手，能够有效提高绿色制造的效率。绿色园区建设重点要在园区规划、空间布局、产业链设计、能源资源利用、基础设施等方面贯彻资源节约和环境友好理念，到2020年创建100家绿色示范园区。五是打造绿色供应链。以汽车、电子电器、通信、大型成套设备等行业龙头企业为重点开展绿色供应链管理试点示范，逐步推动生产者责任延伸制度的实质性应用。六是建设绿色制造服务平台。通过建立基础数据库、评价机制、专利池、创新中心、产业联盟等，促进绿色制造相关资源的有效配置和整合，发挥政府引导作用，调动服务机构、制造企业等多方积极参与，共同建设绿色制造公共服务平台。

（三）实施绿色制造工程的政策措施

实施指南提出了六个方面的保障措施：一是加强组织领导，包括在国家层面明确部委协调合作，在专家层面加强评估，在地方政府层面加强组织落实，共同推动工程实施。二是加大财税支持，提出进一步加大财政资金支持力度，充分利用现有资金渠道，各级工业转型升级、技术改造、节能减排、科技计划（专项、基金）等资金渠道，以及政府和社会资本合作（PPP）模式和落实资源综合利用税收优惠政策、节能节水环保专用设备所得税优惠政策等支持工程实施。三是提出拓宽融资渠道，进一步发展绿色信贷、绿色债券市场，推动绿色信贷资产证券化，引导和鼓励社会资本按市场化原则设立和运营绿色产业基金，支持绿色企业上市融资，充分利用专项建设基金、融资租赁、股权投资基金、新三板挂牌融资等金融手段，支持工程实施。四是强化监督管理，要求从政府监管、市场激励、企业社会责任、社会舆论监督等多方面推动工程实施。五是加强与国外政府、企业、科研机构、国际组织在绿色制造方面的交流与合作，落实"一带一路"倡议，鼓励绿色制造技术、装备和服务"走出去"。六是传播绿色理念。通过教育培训、媒体、绿色公益组织、行业协会、产业联盟等机构的作用，加强舆论宣传，增强绿色理念，倡导绿色消费，为工程实施创造良好社会氛围。

热 点 篇

第十六章 "土十条"与工业绿色发展

"宋家庄事件""镉大米""常州毒地"等一系列恶性社会事件频发。2016年5月,《土壤污染防治行动计划》(以下简称"土十条")正式发布。"土十条"为国家土壤污染防治工作提供了一张清晰的路线图,综合考虑我国土壤污染防治工作情况,设定了2016—2030年间阶段性可达的目标,提出了33项明确时限要求的具体措施。工业是土壤污染防治的重要领域,工业生产活动、工业污染场地遗留、工业产品的不合理或过度使用是造成土壤污染的重要原因。"土十条"为推进工业绿色发展,提出了产业结构优化、强化空间布局、控制有毒有害物质、推进重点行业清洁化改造、加快工业固体废物综合利用、大力发展环保装备制造业等内容。

第一节 土壤污染防治助推工业绿色发展

近二十年来,我国工业化、城镇化进程不断加快,2016年,全国规模以上工业增加值同比约增长6%,其中约占85%工业总量的制造业对工业增长的支撑作用很强。现今工业增速稳定,但总体仍未摆脱高投入、高消耗、高排放的发展方式,影响着我国的生态环境。土壤作为大部分污染物的最终受体,其环境质量受到废水、废气、固废等各类污染排放的显著影响,土壤污染防治应该是对废水、废气、废物等诸多污染源的控制。土壤是人类社会生产活动的基本物质基础,也是经济社会发展不可或缺的重要资源,污染的土壤将会给人类的生存带来极其恶劣的影响。

一、工业领域推进土壤污染防治工作的必要性

《全国土壤污染状况调查公报》结果表明我国土壤环境总体状况不容乐

观，总超标率约达六分之一，重污染企业用地、工业废弃地、工业园区、固体废物处置场地超标率分别达到 36.3%、34.9%、29.4%、21.3%，均大幅超出全国总超标率，长三角、珠三角等产业集中的工业区域土壤污染问题更为明显。其主要污染物包含锌、汞、铅、铬、砷、六六六、滴滴涕和多环芳烃等物质，主要涉及钢铁、有色、皮革、造纸、石油、煤炭、化工等行业。2016 年，公众环境研究中心（IPE）筛选出 13 个土壤污染重点行业、4500 家重点行业企业和废弃物处理单位、729 个重点行业工业园区，定位调查并绘制土壤污染风险源分布地图，结果同样显示了土壤污染防治形势的严峻。

我国土壤污染一方面源于工业企业生产经营活动，工业"三废"等污染物依靠某种途径，直接或间接进入土壤，造成土壤污染。同时，近年来，我国实施"退二进三""退城进园"等政策措施，原位于城市中的工矿企业搬迁或改建至工业园区或城郊，遗留下大量工业污染场地，其周边土壤含重金属、持久性有机污染物和挥发性有机污染物等。另一方面，源于化肥、农药、农膜等工业产品的不合理或过度使用，人们在享受工业产品带来的便捷的同时忽略它们直接或间接对环境造成的危害。

二、土壤污染防治对工业绿色发展提出的要求

"土十条"为国家土壤污染防治工作提供了一张清晰的路线图，明确了治理目标、负责部门，提出了 2016—2030 年间 33 项明确时限要求的具体措施。"土十条"以农用地、建设用地为重点，综合考虑我国土壤污染防治工作情况设定了如下阶段性可达的目标：到 2020 年，全国土壤污染加重趋势得到初步遏制，土壤环境质量总体保持稳定，农用地和建设用地土壤环境安全得到基本保障，土壤环境风险得到基本管控。到 2030 年，全国土壤环境质量稳中向好，农用地和建设用地土壤环境安全得到有效保障，土壤环境风险得到全面管控。到 21 世纪中叶，土壤环境质量全面改善，生态系统实现良性循环。同时"土十条"中也明确提出了污染耕地、地块安全利用率两项指标要求：到 2020 年，受污染耕地安全利用率达到 90% 左右，污染地块安全利用率达到 90% 以上。到 2030 年，受污染耕地安全利用率达到 95% 以上，污染地块安全利用率达到 95% 以上。工业是推进土壤污染防治的重要领域，为了实现"土

十条"提出的具有挑战性的目标，必须加快推进工业绿色发展。

随着"土十条"的实施，我国在不断完善土壤污染防治配套规章、标准及技术规范体系。目前，《土壤污染防治法（征求意见稿）》已对外征求意见，《污染地块管理办法》已制订发布，《农用地管理办法》已起草完成，《农用地土壤环境质量标准》等三项土壤环境标准已多次公开征求意见，调查评估技术规定、污染治理与修复项目实施方案编制指南等多项技术规范正在起草中，北京、上海等二十余省市发布了当地的土壤污染防治工作方案或实施方案。土壤污染防治工作即将走上"有法可依""有标可循"的法制化、标准化道路，严格约束工业行业和企业，其所承受的压力将化为推动工业绿色发展的动力。

第二节　贯彻落实"土十条"促进工业绿色发展

"土十条"对工业绿色发展提出了一系列具体的任务，其中包括：产业结构优化；强化空间布局；控制有毒有害物质对土壤造成的污染；推进清洁生产，支持重点涉重金属行业技术改造；推进工业固体废物综合利用；大力发展环保装备制造业等内容。

一、产业结构优化

为贯彻落实"土十条"中产业结构优化的工作，一是做好《关于利用综合标准依法依规推动落后产能退出的指导意见》贯彻落实工作，实现推动落后产能退出的工作方式及界定标准的转变，建立市场化、法治化的工作推进机制。二是开展淘汰落后产能专项行动。以电力、钢铁、煤炭等涉重金属行业为重点，严格执行相关法律法规和强制性标准，促使一批环保、质量、安全、能耗、技术不达标产能依法关停退出。截至 2015 年底，全国各地共淘汰以下涉重金属行业产能共计：电力 527.2 万千瓦、煤炭 10167 万吨、炼铁 1378 万吨、炼钢 1706 万吨。三是完善涉重金属相关行业准入条件，适时提高行业准入门槛，引导涉重金属行业逐步提升发展水平。

二、强化空间布局

鼓励工业企业集聚发展，提高土地集约利用水平，有序搬迁改造危险化学品生产企业，科学布局废旧资源再生利用等设施和场所，减少土壤污染。一是推进建设新型工业化产业示范基地，规范产业聚集区发展，助力产业提质增效，同时示范基地也发挥着较强的引领带动作用。二是推进危化企业搬迁改造。贯彻落实《推进城镇人口密集区危险化学品生产企业搬迁改造的指导意见》，积极利用专项建设基金支持企业搬迁改造。推进危化品搬迁改造项目智能化改造，在保障安全环保工作中引入信息化手段以提升工作效率、水平。

三、加强有毒有害物质污染控制

推动铅、汞、镉等重金属物质、多溴联苯等持久性有机污染物的减量和替代是土壤污染防治中重要的一环。一是充分利用绿色制造、绿色信贷等资金渠道，为《国家鼓励的有毒有害原料（产品）替代品目录（2016 年版）》中替代品的应用提供政策支持，树立典型示范项目。二是限制电器电子、汽车等产品中有毒有害物质的使用。落实《电器电子产品有害物质限制使用管理办法》《汽车有害物质和可回收利用率管理要求》等管理要求，加速出台电器电子产品有害物质限制使用达标管理目录及合格评定制度，定期发布载客车辆《汽车禁用物质要求》符合性情况名单，控制和减少电器电子、汽车产品废弃后所含的铅、镉等有毒有害物质对土壤、对环境造成的污染。

四、推动重点涉重金属行业清洁化改造

工业生产经营活动所产生的污染物通常排放浓度较高，治理难度较大。因此，工业领域推进土壤污染防治工作应狠抓推行清洁生产、加强源头预防，从根源减少污染的产生和排放量。一是效仿"大气""水"污染防治工作思路，制定涉重金属重点工业行业清洁生产技术推行方案，引导相关重点行业实施清洁生产技术改造。二是大力支持涉重金属行业污染防控项目列入专项建设基金，为企业改造涉重金属落后生产工艺和设备提供支撑。三是进一步

规范再生铅、铅蓄电池等涉重金属行业，引导涉重金属行业规范化、健康化发展。

五、推进工业固体废物综合利用

固体废物处置场地周边土壤污染情况总体不容乐观。推进工业固体废物综合利用，提升资源综合利用水平，有助于促进工业绿色发展。一是加强工业资源综合利用，促进工业资源综合利用产业集约高效发展。持续开展工业资源综合利用示范基地建设，探索建立生产者责任延伸新模式。二是加强资源再生利用行业规范管理。发布符合废钢铁、废旧轮胎、废塑料、废油等综合利用行业规范条件要求企业名单，培育行业骨干企业。三是大力支持如新型干法水泥窑等协同无害化处置、资源化利用有毒有害废弃物及污染土的技术装备。

六、大力发展环保装备制造业

大力发展环保装备制造业，对推动节能环保产业升级具有重要意义，其发展也为全社会开展土壤污染防治提供了坚实的技术装备保障。一是强化顶层设计，尽快出台"十三五"环保装备制造业发展指导意见，制订产业发展的具体目标，指明环境监测仪器、固体废物处理、土壤污染修复等领域的重点发展方向。二是大力推广先进适用的技术装备。落实《"十三五"生态环境保护规划》《工业绿色发展规划（2016—2020 年）》中涉及土壤污染防治的技术装备研发、推广先进适用的土壤修复技术装备等重点任务。三是加快成果转化和产业化应用。依据环保装备产业发展需求，及时修订《国家鼓励发展的重大环保技术装备目录（2014 年版）》，抓紧发布《工业资源综合利用先进适用技术装备目录》

第三节 我国开展土壤污染防治工作所面临的挑战

一、进行高精度的土壤污染情况调查

"土十条"提出的排在首位的任务便是"摸清家底",详查土壤污染状况。首次全国土壤污染状况调查仅使我们掌握了我国土壤污染大致的情况,精度远达不到现今土壤污染防治工作需要。为有效管控受污染土壤风险、实现安全利用提供科学依据,应进一步对土壤污染具体分布及其环境风险进行详查,并构建国家土壤环境质量监测网,发挥大数据在土壤污染治理中的重要作用,构建全国土壤信息化平台,以便实现土壤数据信息的及时共享。

二、健全土壤法规标准体系

我国目前的土壤法规标准体系已经初具雏形,然而土壤领域的专项立法工作相对滞后,导致土壤污染防治工作缺乏依据和指导。完善法规体系已迫在眉睫,亟须加速出台《土壤污染防治法》,修订《中华人民共和国土地管理法》等相关政策法规。现行土壤环境质量等相关标准也已不足以满足当前土壤污染防治工作需要,并且仍没有一项标准确切规定土壤修复的具体流程、验收标准等内容,需加快修订土壤环境监测、调查评估、风险管控、治理与修复、环境影响评价等技术规范和导则,建立健全法规标准体系。

三、坚持源头预防为先

土壤污染治理周期长、难度大,如土壤污染风险管控得当,则能够从源头上防止潜在危害的发生。源头预防是实现污染治理的治本之策,且事半功倍,财政、金融手段等应加强对土壤污染预防的改造项目的引导和支持,避免后期治理与修复巨大的资金投入。各级工业和信息化部门应坚持预防为主的优先策略,大力推行涉重金属行业清洁化改造,不断提升资源综合利用水平,加强电器电子、汽车等工业产品中有害物质控制,优先考虑将对土壤有毒有害的物质纳入有毒有害原料（产品）替代品目录。

四、加大土壤污染治理与修复科技研发力度

土壤污染治理与修复作为环保装备制造业的新兴领域，我国科研起步相对较晚，作为单独方向开展大规模的研究还是从 21 世纪初开始，至今尚未形成一套行之有效的修复技术体系，因此多采用"国外引进＋改进"的方式，缺乏具有自主知识产权的技术和装备，存在投资费用较高、环境因素影响较大的弊端。各级工业和信息化主管部门应联合有关部门和高校、科研院所等机构，围绕钢铁、有色、化工等行业，突破一批工业绿色转型核心关键技术，研制一批重大装备，加快成果转化应用。加大对具有重金属、有毒有害化学品高效选择性吸附、降解等功能，具有良好土壤修复和治理作用产品的推广应用。

第十七章 工业绿色发展系统集成

绿色制造系统集成是落实《工业绿色发展规划（2016—2020）》《绿色制造工程实施指南（2016—2020）》等政策文件的重要举措，是"十三五"期间推动我国加快构建绿色制造体系的核心手段。2016 年 11 月 16 日，财政部、工业和信息化部联合发布了《关于组织开展绿色制造系统集成工作的通知》（财建〔2016〕797 号），明确了"十三五"期间绿色制造系统集成工作的目标与任务、工作机制与要求等内容，绿色制造系统集成工作既有具体落实的方案，也有中央财政资金的保障。同月，工业和信息化部、财政部办公厅联合下发了《关于开展 2016 年绿色制造系统集成工作的通知》（工信厅联节函〔2016〕755 号），启动了 2016 年度绿色制造系统集成工作，围绕绿色设计平台建设、绿色关键工艺突破和绿色供应链构建等三方面启动项目筛选工作，共计 83 个联合体申报的项目获得通过。

第一节 "十三五"绿色制造系统集成工作有序开展

一、实施背景

《中国制造 2025》中提出要以"绿色发展"为重要战略方针推进制造强国建设，要全面推行绿色制造，强化产品全生命周期绿色管理，努力构建高效、清洁、低碳、循环的绿色制造体系。《工业绿色发展规划（2016—2020）》《绿色制造工程实施指南（2016—2020）》中明确提出，到 2020 年，创建百家绿色设计示范企业、百家绿色设计中心，力争开发推广万种绿色产品；创建千家绿色示范工厂；创建百家示范意义强、综合水平高的绿色园区；在信息通信、汽车、家电、纺织等行业培育百家绿色供应链示范企业等目标。

为加快实施《中国制造 2025》，落实《工业绿色发展规划（2016—2020）》《绿色制造工程实施指南（2016—2020）》，促进制造业绿色升级，培育制造业竞争新优势，财政部、工业和信息化部决定 2016—2018 年开展绿色制造系统集成工作。2016 年 11 月 16 日，财政部、工业和信息化部联合发布了《关于组织开展绿色制造系统集成工作的通知》（财建〔2016〕797 号）（以下简称《通知》），《通知》明确了绿色制造系统集成工作的目标与任务、工作机制与要求等内容。未来 3 年，绿色制造系统集成工作既有具体落实的方案，也有中央财政资金的保障，必将带动地方、社会等各方面资金加大对工业绿色发展有关项目的投入力度，"十三五"工业绿色发展工作有了良好的开局。

二、总体目标与任务

根据《通知》要求，绿色制造系统集成工作的目标是：在 2016—2018 年间，围绕"中国制造 2025"战略部署，重点解决机械、电子、食品、纺织、化工、家电等行业绿色设计能力不强、工艺流程绿色化覆盖度不高、上下游协作不充分等问题，支持企业组成联合体实施覆盖全部工艺流程和供需环节系统集成改造。通过几年持续推进，建设 100 个绿色设计平台和 200 个典型示范联合体，打造 150 家左右绿色制造水平国内一流、国际先进的绿色工厂，建立 100 项左右绿色制造行业标准，形成绿色增长、参与国际竞争和实现发展动能接续转换的领军力量，带动制造业绿色升级。支持重点领域及方式将结合中央有关要求和部署适时作出调整。

绿色制造系统集成工作的重点任务包括以下三个方面：首先是绿色设计平台建设。支持企业与科研机构形成联合体，共同建设绿色设计信息数据库、绿色设计评价工具和平台等，在联合体内实现绿色设计资源共建共享，制定一批绿色设计标准。以产品绿色设计升级拉动绿色设计和绿色工艺技术一体化提升，开发一批绿色设计产品，创建一批绿色设计示范线，提高绿色精益生产能力和产品国际竞争力。其次是绿色供应链系统构建。支持企业与供应商、物流商、销售商、终端用户等组成联合体，围绕采购、生产、销售、物流、使用等重点环节，制定一批绿色供应链标准，应用模块化、集成化、智能化的绿色产品和装备，联合体企业共同应用全生命周期资源环境数据收集、分析及评价系统，建设上下游企业间信息共享、传递及披露平台等，形成典型行业绿色供应链管理模式和实施路径。最后是绿色关键工艺突破。支持企业与上下游企业、生产制造单位、中介机构、科研机构等形成联合体，重点聚焦高技术含量、高可靠性要求、高附加值特性的关键工艺装备，通过绿色制造关键工艺和装备的创新应用，解决关键工艺流程或工序环节绿色化程度不高的问题，制定一批绿色关键工艺标准，提升重大装备自主保障能力。

三、实施机制与要求

（一）工作机制

一是以联合体方式协同推进。由绿色制造基础好以及技术、规模、产品、市场等综合条件突出的领军型企业作为牵头单位，联合重点企业、上下游企业、绿色制造方面第三方服务公司以及研究机构等组成联合体，以需求为牵引、问题为导向，聚焦技术、模式、标准应用和创新，承担绿色制造系统集成任务。

二是充分体现好中选优。通过公开方式遴选有行业代表性、产业基础好、具备打造行业绿色发展标杆潜力的联合体，围绕树标杆、立标准、建机制，通过开展绿色制造系统集成，加快绿色制造标准的体系化和动态提升步伐，带动相关行业和领域的同类企业对标提升。

三是建立激励约束机制。中央财政通过工业转型升级（中国制造2025）等资金对承担绿色制造系统集成项目的联合体予以支持。结合资金年度预算安排、项目总投资等确定补助比例，在项目批复当年下达启动资金，项目通过考核验收后下达后续资金。对未通过考核验收的项目，中央财政不再下达后续资金，并视情况收回部分直至全部资金。对于检查发现项目承担单位擅自调整实施内容或项目发生重大环境污染、安全事故等问题的，将根据国家法律法规有关规定进行处罚，5年内不得再申请工业转型升级（中国制造2025）等资金支持。

四是及时总结经验成效。绿色制造系统集成工作实施结束后，两部门将对实施效果开展重点评估，不断完善绿色制造标准体系建设，力争形成推动重点行业绿色发展的有关政策，长期、持续发挥作用。各地应认真总结经验，积极探索有利于促进绿色转型的财税、金融、产业政策，对在工作中出台的具备可复制推广、有利于绿色发展的政策或典型做法，及时上报两部门。

（二）工作要求

一是明确工作程序。工业和信息化部、财政部公开发布绿色制造系统集成工作年度通知，逐年明确支持重点、项目申报、资金拨付等具体事项。省级工业和信息化主管部门会同财政部门，按照年度通知要求，结合区域工业绿色转型实际，组织辖区内企业（含中央企业）做好申报工作，向工业和信息化部、财政部推荐项目。工业和信息化部、财政部按照公开公平公正原则委托第三方机构组织专家，通过竞争性评审择优确定绿色制造系统集成项目。经公示无异议后，中央财政给予资金支持。

二是加强组织保障。工业和信息化部、财政部结合绿色制造系统集成工作实施情况，不断完善工作机制，指导督促地方加快推进绿色制造工作。省级工业和信息化主管部门、财政部门要加强组织协调，按照职责分工对项目执行、补助资金使用等进行监督，每年12月底前向工业和信息化部、财政部报送项目实施情况；组织做好项目考核验收，并及时向财政部、工业和信息化部提出后续补助资金申请。

三是推进项目实施。项目确定后，原则上不对项目任务目标等进行调整，联合体须按照项目任务书中的内容贯彻实施。联合体内部须建立完备的项目管理制度，项目牵头单位的行政负责人对项目实施负总责。项目推进过程中，按时向省级工业和信息化主管部门、财政部门报送项目实施进展；项目完成后，及时向项目省级工业和信息化主管部门、财政部门提出考核验收和后续补助资金申请。

第二节 2016 年绿色制造系统集成工作全面完成

一、发布 2016 年工作通知

2016 年 11 月，按照《财政部工业和信息化部关于组织开展绿色制造系统集成工作的通知》（财建〔2016〕797 号）要求，工业和信息化部、财政部办公厅联合下发了《关于开展 2016 年绿色制造系统集成工作的通知》（工信厅联节函〔2016〕755 号），明确了 2016 年度绿色制造系统集成工作的重点方向、实施主体与申报要求、工作程序和具体要求等。

二、2016 年支持的重点方向

（一）绿色设计平台建设

绿色设计平台建设的内容主要包括三个方向：一是构建产品全生命周期管理与评价体系，建立面向产品全生命周期的绿色设计信息数据库，开发、应用和推广产品生命周期资源环境影响评价技术和软件工具，应用生命周期评价方法（LCA）优化原料选择、产品设计和制造方案。推荐绿色设计众创平台建设，在联合体内实现绿色设计资源共建共享，制定实施一批绿色设计标准。二是设计开发一批绿色产品。充分考虑下游生产、使用、回收利用等环节资源环境影响，开发一批高性能、轻量化、绿色化新材料，突破绿色原料选择、创新设计和应用技术。开发、应用和推广一批符合低能耗、低污染、低排放要求的新型绿色包装。开发一批绿色设计产品，扩大绿色产品国际市场。三是创建绿色设计技术产业化示范线，开发、应用一批模块化、仿真化、集成化、易回收和高可靠性等绿色设计工具，以绿色设计为核心，实施设计和制造并行工程，突破绿色设计与制造一体化关键技术，提高产品研制效率，以产品绿色设计升级拉动绿色研发设计和绿色工艺技术一体化提升，提高绿色精益生产能力和产品国际竞争力。

（二）绿色关键工艺突破

在机械、电子、化工等行业中，由行业领军企业作为牵头单位，与上下游企业、生产制造单位、第三方机构、科研机构等形成协作式联合体，加大创新研发、推广应用力度，重点聚焦高技术含量、高可靠性要求、高附加值特性的关键技术装备，解决关键工艺流程或工序环节绿色化程度不高的问题，提升重大装备自主保障能力，支持联合体实施绿色制造技术改造。结合绿色关键技术突破，通过绿色制造重点项目的实施、绿色制造关键技术装备的创新和应用，制定一批绿色关键技术标准，引领行业先进技术工艺的推广应用。

（三）绿色供应链系统构建

由家电、大型成套装备等行业龙头企业作为牵头单位，与联合供应商、物流商、销售商、终端用户等组成协作式联合体，确定企业绿色供应链管理战略，围绕采购、生产、销售、物流、使用等重点环节，制定一批绿色供应链标准。联合体企业选择2—3个绿色化改造潜力大的产品，对产品线进行绿色化改造，采用轻量化、长寿命、易回收、易运输等特性的材料，应用模块化、集成化、智能化的绿色产品和装备。联合体企业共同应用全生命周期资源环境数据收集、分析及评价系统，建设上下游企业间信息共享、传递及披露平台等，实施绿色供应商管理，建设绿色回收体系，形成典型行业绿色供应链管理模式和实施路径。

三、2016 年示范项目总体情况

经过联合体申报、省级工业和信息化主管部门审核等程序，2016 年申报项目上报至工业和信息化部，工业和信息化部、财政部委托第三方机构组织专家，通过竞争性评审，择优确定拟支持的绿色制造系统集成项目。评审重点关注项目方案合理性、项目绩效目标可达性、项目技术或标准的先进性及应用示范性，以及联合体组织模式在同业强强联合、上下游协作等方面的创新性、有效性和稳固性等。目前，2016 年示范项目名单已经公布，共计 83 个联合体申报的项目获得通过。其中，绿色设计平台建设项目 13 个，占项目总数的 16%；绿色关键工艺项目 60 个，占项目总数的 72%；绿色供应链建设项目 10 个，占项目总数的 12%。随着 2017—2018 年绿色制造系统集成示范项目的连续实施，工业绿色发展将会更加系统、平衡和协调，也将为供给侧结构性改革提供新的绿色动力。

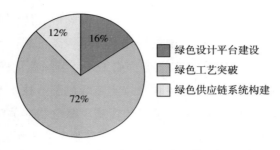

图 17 - 1　2016 年绿色制造集成示范项目分布情况

资料来源：工业和信息化部。

第十八章　工业节能管理办法

　　"十一五"以来，工业领域采取有效政策措施推进节能工作，取得了明显成效，但仍存在一些体制、机制和管理制度上的问题和障碍，迫切需要出台工业节能管理办法，保障和促进工业节能长足发展。根据《节约能源法》要求，进一步明确工业领域节能管理工作任务，加强工业节能管理工作的监督和指导非常必要。因此，工业和信息化部为贯彻落实党的十八届三中、四中、五中全会精神，全面推进依法治国以及绿色发展理念，履行工业节能管理职能，2016 年 5 月制定并发布了《工业节能管理办法》。

第一节　工业节能管理办法出台背景

一、出台工业节能管理办法的重要性

　　"十一五"以来，工业领域采取有效政策措施推进节能工作，取得了明显成效，"十二五"期间规模以上工业单位增加值能耗累计下降 28%，为完成国家节能目标发挥了关键性作用。但总体上看，仍存在一些体制、机制和管理制度上的问题和障碍，迫切需要出台工业节能管理办法，保障和促进工业节能长足发展。

　　目前，工业能耗占全社会能耗比重超过 70%，部分工业产品单位能耗与国际先进水平相比还有较大差距，单位能源资源消耗产出水平低于世界平均水平。我国粗放型的工业发展方式还没有得到根本性的转变，能源资源消耗高、产出效率低，染排放重的状况还未根本改变，自主创新能力弱，部分行业产能过剩等矛盾和问题仍比较突出。当前，急需把工业节能减排作为破解

能源环境制约的突破口，作为"转方式、调结构"的重要举措。工业节能减排是一项系统工程，需要政府、企业等各方面力量的密切协作，合力推进。因此，根据《节约能源法》要求，结合近几年我国出台的一系列节能减排重要政策措施，明确工业领域节能管理工作任务，加强对工业节能管理工作的监督和指导非常必要。

2007年修订的《节约能源法》单设一节"工业节能"以及"重点用能单位节能"，在一定程度上为推动工业节能提供了法律支持和依据。但《节约能源法》只提出了一些原则性、方向性的要求，要求有关部门制定或完善相关的配套性法规政策。《节约能源法》出台后，国务院相继出台了《民用建筑节能条例》《公共机构节能条例》，交通部门出台了《公路、水路交通实施〈中华人民共和国节约能源法〉办法》。作为能源消费大户的工业领域，在这方面存在空白。在当前形势下，迫切需要出台工业节能方面的配套性管理规章，对《节约能源法》的相关规定加以细化、补充和完善，增强操作性和约束力，促进法规、政策、标准之间的相互衔接，推动现有的节能措施有效落实。

二、出台工业节能管理办法的意义

一方面，党的十八届五中全会及"十三五"规划纲要提出创新、协调、绿色、开放、共享的发展理念，将绿色发展放在重要位置，工业是我国国民经济的主体和能源消耗的主要领域，是落实绿色发展理念的重点领域。制定《工业节能管理办法》是落实绿色发展理念的必然要求，也是完善工业节能管理机制、措施，提升工业企业能源利用效率，加快工业绿色低碳发展和转型升级，实现工业经济"稳增长、调结构、增效益"的重要举措。

另一方面，依法履行工业节能管理职责迫切需要制定《工业节能管理办法》。2007年修订的《节约能源法》对工业节能作出了原则规定。近年来中央明确要求推进能源生产和消费革命，把节能贯穿于经济社会发展全过程和各领域。工业和信息化部通过制定工业节能规章制度，依法行使工业节能管理部门职责，指导和规范新形势下工业节能工作，有利于推进工业节能领域依法行政。

三、工业节能管理办法制定过程

工业和信息化部为加强工业节能的管理，根据 2007 年修订的《节约能源法》，在部门组建后即启动了《工业节能管理办法》的起草工作。在《工业节能管理办法》制定过程中，主要开展了以下工作：

一是调研国内外相关法律制度，收集整理并研究国内外节能法律制度，吸收有益的经验。二是结合我国工业情况组织专题研究，对节能管理职责、节能产品推广、重点用能工业企业管理、法律责任等制度进行了认真研究分析。根据党的十八届五中全会和《中国制造 2025》的有关精神，将一些新的指导思想融入其中，进一步完善了《工业节能管理办法》。三是征求相关部门及企业意见，征求了地方工业和信息化主管部门、有关工业企业和国家发改委、财政部、住房和城乡建设部等部委的意见，召开了地方、企业参加的立法座谈会。四是征求社会意见，通过国务院法制办"中国政府法制信息网"、工业和信息化部门户网站向社会公开征求了意见。五是在深入研究和吸收各方意见的基础上，形成了《工业节能管理办法（草案）》。六是部门集体审议，提请工业和信息化部第 21 次部务会议审议通过《工业节能管理办法》。

在上述工作的基础上，2016 年 4 月 27 日，苗圩部长签发了工业和信息化部第 33 号令，公布了《工业节能管理办法》，自 2016 年 6 月 30 日起正式施行。

第二节　工业节能管理办法主要内容及特点

一、工业节能管理办法主要内容

《工业节能管理办法》共分七章，共四十二条，主要规定了以下内容：

第一章　总则（第一条到第六条），主要为工业节能的概念和管理职责。《工业节能管理办法》依据《节约能源法》关于节能的定义，对"工业节能"进行了界定。根据《节约能源法》和中编办对工业和信息化部主要职责、内设机构和人员编制规定,《工业节能管理办法》明确了工业和信息化部以及各级工信主管部门的工业节能管理职责,并对工业企业的责任、行业协会的作用作出了相应的规定。

第二章 节能管理(第七条到第十六条)。《工业节能管理办法》规定了工业和信息化主管部门的节能管理措施,具体内容包括:编制并组织实施工业节能规划;运用价格、金融等手段推动绿色化改造;发布高效节能设备推荐目录以及达不到强制性能效标准的工艺技术装备淘汰目录;编制工业能效指南;依据职责开展有关节能审查工作。《工业节能管理办法》还确立了工业能源消费总量控制目标管理、工业节能标准制定、工业能耗预警机制、节能培训宣传等制度。

第三章 节能监察(第十七条到第二十一条)。节能监察是促进工业企业加强节能管理的重要手段。《工业节能管理办法》明确了工业和信息化部指导全国的工业节能监察工作,地方工业和信息化主管部门组织实施本地区工业节能监察工作。《工业节能管理办法》规定:各级工业和信息化主管部门应当加强节能监察队伍建设,组织节能监察机构对工业企业开展节能监察。同时,《工业节能管理办法》对工业节能监察的方式、程序和结果等作出了规定。

第四章 工业企业节能(第二十二条到第二十八条)。《工业节能管理办法》结合《节约能源法》等法律法规,明确了工业企业的节能要求,包括:加强节能工作组织领导,建立健全能源管理制度;完善节能目标考核奖惩制度;对能源消耗实行分级分类计量;禁止生产、购买和使用明令淘汰的用能产品和设备;定期对员工进行节能培训教育等。

第五章 重点用能工业企业节能(第二十九条到第三十八条)。重点用能工业企业是工业耗能大户,因此是工业节能管理的重点。《工业节能管理办法》结合《节约能源法》的规定,进一步明确了重点用能工业企业的范围,并对其设立能源管理岗位、开展能源审计、报送能源利用状况报告、开展能效对标达标、履行企业社会责任、能源管理信息化等做出了规定。

第六章 法律责任(第三十九条、第四十条)。《工业节能管理办法》依据《节约能源法》等法律规定,明确了工业企业用能不符合强制性能耗限额和能效标准等行为的法律责任,对追究工业和信息化主管部门及节能监察机构工作人员的违法责任也做出了相应的规定。

第七章　附则（第四十一条、第四十二条）。《办法》规定县级以上地方人民政府工业和信息化主管部门可以依据本办法和本地实际，制定具体实施办法。并对实施时间做了规定。

二、工业节能管理办法的主要特点

《工业节能管理办法》是在《节约能源法》框架下对工业节能法规制度的进一步完善，其主要特点如下：

（一）强调用能权交易制度

《工业节能管理办法》第十六条规定，"科学确立用能权、碳排放权初始分配，开展用能权、碳排放权交易相关工作"。截至目前，我国仅在浙江省开展了用能权交易试点。在调研总结地方经验做法的基础上，《工业节能管理办法》为进一步开展用能权交易提供了依据和指引。

（二）明确节能管理手段

《工业节能管理办法》规定了工业节能管理的规划编制、绿色改造、目录编制、能效指南等手段。还确立了工业能源消费总量控制目标管理、工业节能标准制定、工业能耗预警机制、节能宣传培训等制度。

（三）建立健全节能监察体系

《工业节能管理办法》明确了工业和信息化部指导全国的工业节能监察工作，地方工业和信息化主管部门组织实施本地区工业节能监察工作。明确了工业节能监察的方式、程序和结果公开等制度性规定。

（四）突出企业主体地位

《工业节能管理办法》明确了对工业企业的节能要求，如建立健全能源管理制度，完善节能目标考核奖惩制度，对能源消耗实行分级分类计量等。

（五）重点抓用能大户

《工业节能管理办法》明确了重点工业用能企业的范围，并对其设立能源管理岗位、开展能源审计、报送能源利用状况报告、履行企业社会责任、开展能效对标达标、能源管理信息化等作出了规定。

（六）融入新思想新模式

《工业节能管理办法》鼓励工业企业加强节能技术创新和技术改造；鼓励工业企业创建"绿色工厂"，开发应用智能微电网、分布式光伏发电，发展和使用绿色清洁低碳能源；完善节能标准体系，提高标准水平和行业准入条件，推动限制和淘汰落后产能工作，支撑产业结构优化升级。

《工业节能管理办法》对重点用能工业企业的节能管理作出了具体要求。年综合能源消费总量5000吨标准煤以上的重点用能工业企业应开展能效水平对标达标活动，争创能效"领跑者"；鼓励重点用能工业企业利用信息化、技术自动化，提高企业能源利用效率和管理水平；要求重点用能企业必须开展能源审计和设置能源管理岗位、报送能源利用状况报告等，同时提出加强能源管理体系建设。

展望篇

第十九章　主要研究机构预测性观点综述

围绕年度工业节能减排的热点话题，梳理和筛选包括社科院工业经济研究所、国家发改委能源研究所、中国电力企业联合会、E20 研究院等国内相关领域知名研究机构的研究成果和重要观点。社科院工经所认为，我国向可再生能源转型面临转型政策的系统性、政策干预"市场选择"的适度性、政策与能源体制改革的协调性等三大政策挑战；发改委能源所提出了落实"十三五"可再生能源发展战略面临的问题，并给出了对策建议；中国电力企业联合会分析了 2017 年我国电力行业供需发展趋势；E20 研究院分析并提出了 2017 年我国环保产业发展的趋势。

第一节　社科院工经所：我国向可再生能源
转型面临三大政策挑战

中国社科院工业经济研究所于 2016 年底发表研究成果，认为我国向可再生能源转型面临三大政策方面的挑战。报告认为，当前世界各国能源转型实践各有特点，但"可再生能源替代化石能源"是其中最主要的内容。向可再生能源转型是在应对气候变化成为国际主流议题的背景下，在减碳目标约束下，各个国家政策推动的能源转型。这与历史上主要由市场自发驱动的能源转型不同。因此，本次能源转型实际上是一个政策推动下的"早产儿"，不是市场和技术的自然产物，必然会带有很多不同于"顺产儿"问题。其中最大的，也是最根本的问题是"早产"使我国未来向可再生能源转型面临三大政策挑战。

一是能源转型政策的系统性挑战。这是以大规模、高能量密度、生产消费分离为特征的化石能源体系与适度规模、低能量密度、生产消费靠近甚至合一为特征的可再生能源体系之间的巨大差别带来的政策挑战。能源转型决不仅仅是在现有能源系统中单纯提高可再生能源或非化石能源比重，更重要的是能源系统的转变。没有能源体系，特别是电力系统的适应性变革，现有能源体系容纳可再生能源发展的空间相当有限。与可再生能源特征相匹配的"新"能源系统无法通过现有化石能源系统的外延扩张而自发形成，如何实现两类不同特征的能源体系平稳转换和过渡，对能源转型政策的系统性提出了更高的要求。

二是能源转型政策干预"市场选择"的适度性挑战。这主要是指政策推动的国家能源转型面临一个很大的风险是：政策鼓励的技术方向可能与市场选择的不一致，或者政策对某一方向过度支持而妨碍了更好技术的产生，从而导致能源转型成本高昂，甚至锁定在劣等路径上。在碳减排目标的压力下，政府很有可能选择强力推动短期内看起来容易见效但缺乏前途的"技术路径"，抑制真正有发展潜力，但短期内不容易见效的"技术路径"。这对政策介入转型技术选择的方式和程度提出了挑战。

三是能源转型政策与能源体制改革的协调性挑战。德国等欧洲国家可再生能源发展经验表明，竞争性电力市场是当前能源转型必要的制度条件。因为它从制度上提高化石能源系统的灵活性和效率，在相当程度上提高了现有能源系统对波动性、高成本可再生能源的容纳空间，降低了能源转型成本（如果没有市场制度，转型成本会更高）。从当前国家能源转型的方向和目标看，系统灵活性是未来能源体系（特别是电力系统）的稀缺资源，而我国当前能源体系灵活性和效率提升不仅面临技术方面的障碍（能源系统的发展继续强调大规模远距离方向），而且也由于市场化改革迟缓而面临体制障碍。因此，为降低能源转型的成本与阵痛，需要加强当前能源体制改革与能源转型政策协调，在体制改革中融入能源转型的要求。从这个意义上讲，加快能源市场化改革，特别是电力市场化改革，是有效推进国家能源转型，降低能源转型成本的必要条件。

第二节 发改委能源所：落实"十三五"可再生能源发展战略的问题与对策

国家发改委能源所 2016 年底在《环境保护》上发表了题为《"十三五"推进可再生能源发展的战略思考》的文章。文章指出，我国已提出了推动能源生产和消费革命的能源发展方向，我国政府在 2009 年提出到 2020 年非化石能源在一次能源消费结构中占比 15% 的目标，2014 年又进一步提出了 2030 年非化石能源占比 20% 的目标，既是未来能源绿色发展的路径指引，也明确了近中期可再生能源发展的任务。"十三五"是我国可再生能源发展承上启下的关键时期，需要切实采取有效政策措施，结合能源发展形势和改革进程，创新机制，解决制约可再生能源持续健康发展的瓶颈问题，使可再生能源在能源供应绿色转型、推动能源生产革命中发挥应有作用。

文章认为，我国可再生能源发展目前面临多重重大挑战。第一，以化石能源为基础的现有能源战略规划、能源体系和市场机制、管理体制对可再生能源的制约作用日益突出，尤其是在 2015 年能源和电力需求增长缓慢的新形势下，可再生能源与常规能源之间的矛盾加剧。第二，现有能源体系和基础设施不足以接纳规模化可再生能源应用。当前我国能源和电力结构仍以煤炭和煤电为主，电力系统中缺少具备灵活调节能力的天然气电源和抽水蓄能电源，电网系统的调节能力差。第三，可再生能源的成本竞争力仍有待进一步提升。风电、光伏发电的成本在 2020 年仍将高于煤电，价格需求高于煤电将使其处于不利竞争地位。第四，当前能源价格和税收制度等市场调节手段尚未充分反映化石能源的资源稀缺性以及雾霾、碳排放等生态环境外部性成本，没有为化石能源和可再生能源发展提供公平的市场竞争环境。第五，可再生能源政策没有得到有效落实。如电力调度运行机构仍普遍沿用火电年度发电计划进行管理，尚未依法建立可再生能源电力优先上网的运行机制，可再生能源电力上网无法保障，导致较高比例、较大范围可再生能源限电情况发生。

文章提出，必须结合能源和电力体制改革进程，以创新机制推进可再生能源发展，并提出了 8 条对策建议。第一，强化能源变革和推进可再生能源利用的法律保障和法治轨道。增强《可再生能源法》的操作性和约束力，落实全额保障性收购制度，明确可再生能源发展基金和补贴资金的长效机制；《电力法》要按照电力体制改革思路、依市场化方向进行调整，从法律层面确立基于市场竞争的电价形成机制和绿色节能调度机制。第二，建立促进可再生能源发展的市场机制。以建立市场配置资源、供需形成价格、促进节能减排的现代电力市场体系为目标，建立基于市场竞争的电价形成机制和电力调度机制。第三，严格控制新增化石能源尤其是新增煤电建设。"十三五"期间我国必须在污染严重和可再生能源资源丰富的重点地区严格控制、在全国全面控制新增煤电项目建设，为可再生能源电力创造市场空间。第四，加快促进可再生能源应用的能源基础设施建设。加快可再生能源资源富集地区配套送出工程建设，加快建设配套电网建设。第五，建立多维度的技术研发创新体系，以技术进步提升可再生能源经济性和竞争力。第六，完善可再生能源补贴和税收政策，创新电价和交易机制。结合电力体制改革，创新可再生能源价格机制和补贴政策；推动建立有利于可再生能源持续发展的交易机制。第七，强化制度建设。落实可再生能源目标引导、可再生能源全额保障性收购制度、可再生能源绿色证书和交易制度等关键性制度；加快促进分布式可再生能源开发利用相关机制建设；探索可再生能源热网和电网融合运行机制建设。第八，建立健全能源行业综合管理和专业监管体系。完善可再生能源与电力电网、油气管网、城市热网等相关能源领域的行业间规划、政策和管理协调机制，加强能源主管部门与相关主管部门之间的协调。

第三节 中国电力企业联合会：2017年我国电力行业供需发展趋势

2017年1月25日，中国电力企业联合会发布了《2016—2017年度全国电力供需形势分析预测报告》。报告回顾了2016年全国的用电情况，展望了2017年我国电力供需的发展形势，并针对性地提出对策建议。

2016年我国的用电情况。报告指出，2016年全国用电形势呈现增速同比提高、动力持续转换、消费结构继续调整的特征。全社会用电量同比增长

5.0%，增速同比提高 4.0 个百分点。在实体经济运行显现出稳中趋好迹象、夏季高温天气、上年同期低基数等因素影响下，第三、四季度全社会用电量增长较快。第三产业用电量增长 11.2%，持续保持较高增速，显示服务业消费拉动我国经济增长作用突出；城乡居民生活用电量增长 10.8%；第二产业用电量同比增长 2.9%，制造业用电量同比增长 2.5%，制造业中的四大高耗能行业合计用电量同比零增长，而装备制造、新兴技术及大众消费品业增长势头较好，反映制造业产业结构调整和转型升级效果继续显现，电力消费结构不断优化。年底全国全口径发电装机容量 16.5 亿千瓦，同比增长 8.2%，局部地区电力供应能力过剩问题进一步加剧；非化石能源发电量持续快速增长，火电设备利用小时进一步降至 4165 小时，为 1964 年以来年度最低。电煤供需形势从上半年的宽松转为下半年的偏紧，全国电力供需总体宽松、部分地区相对过剩。

　　2017 年我国电力供需形势分析。报告指出，展望 2017 年总体发展形势，主要包括三个方面：一是全社会用电量增速低于 2016 年。综合考虑宏观经济形势、服务业和居民用电发展趋势、电能替代、房地产及汽车行业政策调整、2016 年夏季高温天气等因素，在常年气温水平情况下，预计 2017 年全国全社会用电量同比增长 3% 左右。若夏季或冬季出现极端气候将可能导致全社会用电量上下波动 1 个百分点左右；另外，各级政府稳增长政策措施力度调整将可能导致全社会用电量上下波动 0.5 个百分点左右。二是新增装机容量继续略超 1 亿千瓦，非化石能源占比进一步提高。预计全年全国基建新增发电装机 1.1 亿千瓦左右，其中非化石能源发电装机 6000 万千瓦左右。预计 2017 年底全国发电装机容量将达到 17.5 亿千瓦，其中非化石能源发电 6.6 亿千瓦、占总装机比重将上升至 38% 左右。三是全国电力供应能力总体富余，火电设备利用小时进一步降低。预计全年全国电力供应能力总体富余，其中，华北电网区域电力供需总体平衡，华东、华中、南方电网区域电力供需总体宽松，东北、西北电网区域电力供应能力过剩较多。预计全年全国发电设备利用小时 3600 小时左右，其中火电设备利用小时将下降至 4000 小时左右。

　　针对 2017 年发展形势的对策建议。报告提出了以下六点建议：一是坚持电力规划引导指导，推进落实电力"十三五"发展目标。提高规划的严肃性、权威性，确保电力发展"十三五"规划落地；提高规划的科学性、指导性，及时开展规划滚动修订；提高规划的整体性、协同性，加强国家有关部门对地方规划工作的指导监督。二是完善预测预警体制机制，保障经济发展新常态下的电力平稳运行。要加强调查研究，及时分析新情况新问题；健全预测预警机制，及时化解风险；完善政策"工具包"，及时出台措施，切实提高调控的效率和效果。三是应对安全运行新问题，确保电力系统安全稳定运行和电力可靠供应。推进主网架和联网工程建设，优化网架结构；加强网源协调管理，强化技术监督和指导；加强质量监督管理，提高电力主设备安全可靠性。四是破解新能源消纳难题，减少不合理弃风弃光弃水。转变新能源发电发展思路，提高发展质量；加强外送通道建设，增强资源配置能力；全面提升系统的灵活性，提高电力系统综合调峰能力；加强协调、打破壁垒，拓展新能源电力消纳市场。五是加大政策扶持力度，降低电力企业经营负担和风险。进一步完善煤电联动机制，合理疏导煤电企业大幅上涨的燃料成本；进一步完善煤电环保补贴机制，及时足额发放可再生能源补贴；尽快出台针对电力"僵尸企业"职工分流、减免银行债务等方面的针对性政策；提高有关政策的严肃性、协调性和稳定性；积极引导促进电能替代。六是统筹改革与发展关系，促进电力行业可持续发展。统筹协调电力体制改革、国企改革、国有资产监督管理体制改革等多重改革与行业发展，完善相关调控政策；进一步完善市场体系；加强省级电力市场交易工作的指导和监管；规范自备电厂管理，营造公平竞争的市场环境。

第四节　E20 研究院：2017 年我国环保产业发展趋势

　　2017 年初，E20 研究院发布研究报告，展望了 2017 年我国环保产业发展趋势。报告认为，近几年在中央生态文明建设和五位一体的发展理念的指导下，中国的环境保护体系出现了巨大的变化，整个环保行业的变动之剧烈，发展之迅速，也远超过往三十年的总和。节能环保产业总产值从 2012 年的29908.7 亿元增加到 2015 年的 45531.7 亿元。处于快速发展阶段的中国环保产业，年均增长速度有望达到 18%，到"十三五"末，中国环保产业规模有望超过美国，成为全球第一。在这样的大背景下，2017 年我国环保产业发中的三个趋势应引起关注。

第一，环境综合服务商队伍进一步扩大。报告认为，以环境质量改善为出发点的环保效果时代，促使政府环境政策导向转变为区域面源的综合防治。而环境综合治理思路的确立，让综合服务能力越来越成为企业参与环保市场竞争的核心要素。由此，众多环保企业纷纷由单一服务型的"装备制造商"向"环境综合服务商"转型。

第二，政策红利持续加码细分领域异军突起。报告认为以下4个细分领域将会实现较快发展。一是环境监测受益首当其冲。环保税法2018年开始征收，企业减排数据将是决定企业是否能够减税或者缴纳以及需要缴纳多少税的关键，即征税要有监测数据，需要安装监测设备或者第三方监测服务。二是水务行业景气度再度进入高峰期。自2015年"水十条"落地并全面执行至今，城镇污水处理厂、提标改造正释放巨大的市场空间，同时，相对趋于饱和的城市污水处理市场，工业废水处理、流域治理以及农村污水治理市场仍存在巨大的缺口。三是VOCs治理市场具有很大的想象空间。从"十二五"到"十三五"，VOCs政策治理体系经历了从无到有。随着VOCs治理相关政策法规、标准的颁布实施，以及"十三五"期间将要进行的省以下环保机构监测监察执法部门垂直管理改革，和工业污染源不断加强监管，末端治理市场逐渐明晰，中端控制和源头削减市场想象空间巨大。四是大固废产业有望加速成长，环卫一体化迎市场蓝海。2016年6月，发改委等部门发布的《垃圾强制分类制度（征求意见稿）》，从政策上对垃圾分类进行强制规定。垃圾分类处理系统的健全以及环卫市场化改革，一方面利好环卫清运市场，另一方面也有助于提前区分可循环利用资源与需要进行终端处置的垃圾，提高资源回收利用率，对于焚烧等终端处置来说，垃圾的成分更简单、焚烧效率和发电量等指标都可以得到提升，从而提高盈利性。

第三，创新和国际化仍是产业主基调。近期，环保部、科技部联合发布《国家环境保护"十三五"科技发展规划纲要》，显示环保技术市场的潜力巨大，环保行业的科技创新已成大势。"十三五"期间，生态环境保护机遇与挑战并存，既是负重前行、大有作为的关键期，也是实现质量改善的攻坚期、窗口期，环保企业要充分利用新机遇新条件，妥善应对各种风险和挑战，不断提高自身实力，相信不久的将来，会有更多的本土环保企业成长为世界级环保企业。

第二十章 2017 年中国工业节能
减排发展形势展望

2016 年，我国工业经济呈现平稳运行态势，工业节能减排顺利推进，带动环境质量总体向好，"十三五"工业节能减排工作开局顺利。展望 2017 年，工业经济发展有望稳中有进、稳中提质，节能减排压力略有反弹，各项节能减排工作将有序推进，但也面临着工业绿色发展方式尚未形成、企业行业和区域节能减排发展水平不均衡、科技创新对节能减排支撑不足、高耗能行业产能过剩继续制约节能减排动力等问题，为此，建议采取加快构建资源消耗低环境污染小的绿色制造体系、加快出台差异化的节能减排政策、强化绿色科技创新及其成果转化、推进高耗能行业化解过剩产能实现脱困发展等对策措施。

第一节 对 2017 年形势的基本判断

一、工业经济发展平稳运行，工业能耗和污染物排放有望继续下降

2016 年 1—12 月，全国规模以上工业增加值累计同比增长 6.0%，增速比上年同期回落 0.1 个百分点，连续 7 个月保持单月增长 6% 以上的水平，稳定增长的态势十分明显。部分高载能行业生产开始恢复，粗钢、生铁、水泥和平板玻璃产量同比分别增长 1.2%、0.7%、2.5% 和 5.8%。受工业生产回暖影响，1—12 月，全国工业用电量 41383 亿千瓦时，同比增长 2.9%，增速比上年同期提高 3.5 个百分点，占全社会用电量的比重为 69.9%；全国规模以上工业单位增加值能耗下降 5.5% 左右，与上半年相比略有反弹，但基本可以保证年度目标任务的完成；截至 2016 年 12 月底，全国规模以上工业单位增

加值能耗为 1.34 吨标准煤/万元，比 2010 年的 1.92 吨标准煤/万元下降30.2%。

　　进入 2017 年，工业经济增长有望继续保持平稳运行态势，且稳中有进、稳中提质，工业能源消费总量保持低速增长，单位工业增加值能耗有望继续呈现下降态势。首先，一系列节能减排规划文件相继发布，"十三五"工业节能目标、任务和措施已基本明确。国务院正式发布了《"十三五"节能减排综合性工作方案》，全面部署"十三五"时期节能减排主要目标和各项重点工作；工业和信息化部发布的《工业绿色发展规划（2016—2020）》明确提出，"十三五"我国规模以上工业单位工业增加值能耗要下降18%的目标。其次，工业生产回暖带动工业能源消费需求缓慢回升（见图 20－1），但大幅反弹的情况不会出现。2016 年，大宗商品价格逐步上涨，部分高耗能产品，如有色金属、建材、钢铁等产品产量同比增速有所提高；但 2017 年，在国内外市场需求均不乐观的情况下，高耗能产品产量大幅反弹的可能性几乎不存在，工业能源消费总量不会快速增加，单位工业增加值能耗下降速度可能减缓，但仍处于下降区间。

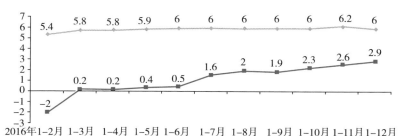

图 20－1　规模以上工业增加值增速和工业用电量增速

资料来源：国家统计局、中国电力企业联合会。

　　进入 2017 年，在高污染行业增长有限和环保执法强化推进的情况下，主要污染物排放总量有望继续保持下降态势。首先，国务院正式发布了《"十三五"生态环境保护规划》，要求大力实施大气、水、土壤污染防治行动计划，以提高环境质量为核心，对重点地区、流域、行业实行更加严格的排放总量控制。其次，工业源污染物排放占排放总量比重较高，二氧化硫、氮氧化物、烟粉尘（主要是 PM10）排放量分别占全国污染物排放总量的90%、70%和

85%左右，工业是主要污染物减排的重点也是难点，随着总量减排措施的深入推进，工业领域主要污染物排放有望延续下降态势。

表 20 - 1　2016 年 1—11 月全国 74 个城市主要污染物排放情况

污染物种类	2015 年 1—11 月 平均浓度（μg/m³）	2016 年 1—11 月 平均浓度（μg/m³）	同比变化
PM2.5	52	46	− 11.5%
PM10	89	81	− 8.9%
NO₂	34	31	− 8.8%
SO₂	28	27	− 3.6%

资料来源：环境保护部环境监测总站。

二、四大高载能行业用电量比重保持下降，结构性节能减排继续推进

首先，四大高载能行业能耗占全社会能耗的比重有望在 2017 年稳中有降。2011 年以来，化工、建材、钢铁和有色等四大高载能行业能源消费量占全社会的比重一直保持下降态势；2016 年 1—9 月，四大行业用电量占全社会用电总量的比重为 29.3%，比上年同期下降了约 1 个百分点。其次，工业经济结构有望继续改善。2016 年，高技术产业、装备制造业的投资增速总体快于整体投资增速，"三去一降一补"扎实推进，供给结构在不断优化，供给质

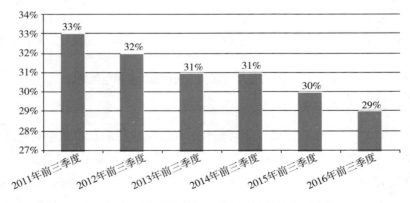

图 20 - 2　四大高载能行业能耗占全社会比重变化

资料来源：中国电力企业联合会。

量在明显提高。最后，工业经济增长新动力正在形成。通过供给侧结构性改革，传统动力在不断改造升级的同时新动力也在加快孕育成长。10月，高技术产业、装备制造业的增加值增速分别是 10.5%、10.1%，比规模以上工业增速分别高 4.4 和 4 个百分点。

三、重点区域绿色发展水平持续提升，能源消费走势地区分化显著

2017 年，京津冀、长三角、珠三角等重点区域绿色发展水平有望进一步提升。根据环保部发布的监测数据，2013 年以来，京津冀、长三角、珠三角等区域的 PM2.5 浓度均保持明显的下降态势，与 2013 年相比，三个区域 2016 年 1—9 月 PM2.5 浓度从 98μg/m³、65μg/m³、47μg/m³ 下降到 53μg/m³、39μg/m³、28μg/m³，降幅为分别为 47%、40% 和 40%。随着《大气污染防治行动计划》《工业绿色发展规划（2016—2020)》的全面落实，我国重点区域绿色发展水平有望进一步提升。同时，我国各地区能源消费走势分化越来越明显。2016 年 1—10 月，全社会用电量增速高于全国平均水平（4.8%）的省份有 14 个，主要包括西藏（19.9%）、新疆（11.9%）、安徽（9.5%）、陕西（9.5%）、江西（9.3%）、浙江（8.4%）等；全社会用电量负增长的省份有 4 个，其中甘肃省增速为 -5.6%。

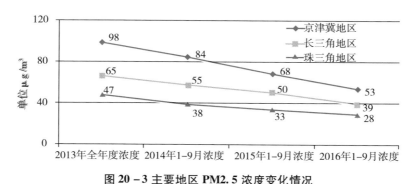

图 20 - 3 主要地区 PM2.5 浓度变化情况

资料来源：环境保护部。

四、工业绿色发展综合规划全面实施，绿色制造体系建设系统推进

2017 年，我国第一个工业绿色发展综合性规划《工业绿色发展规划

（2016—2020）》（以下简称《规划》）的落实工作将全面展开，推动形成全面推进绿色发展的工作格局。《规划》是为贯彻落实国家"十三五"规划纲要和《中国制造2025》而制定发布的，明确提出了"十三五"期间的工作目标，包括节能、低碳、节水、清洁生产、综合利用、绿色能源、产业结构优化、绿色制造产业发展等9大类指标；《规划》在继承"十二五"工业节能减排工作的基础上，提出了要加快构建包括绿色产品、绿色工厂、绿色园区、绿色供应链等要素在内的绿色制造体系，形成了更加系统、更加平衡、更加全面的任务体系；为配合《规划》的具体实施，工信部又相继发布了《绿色制造工程实施指南（2016—2020）》《关于开展绿色制造体系建设的通知》和《绿色制造标准体系建设指南》等政策文件，绿色制造体系建设将在2017年全面系统地推进。

五、应对气候变化态度不会动摇，工业低碳发展动力与压力并存

2017年，尽管面临着美国新政府调整奥巴马时期气候变化政策等不确定因素，我国应对气候变化的态度不会动摇。一方面，我国作为负责任的大国，认真履行2016年4月签署的《巴黎协定》的有关承诺。另一方面，绿色发展理念已深入人心，成为我国经济社会未来转型发展的重要方向。党的十八届五中全会上提出了创新、协调、绿色、开放、共享等五大发展理念，决不能再以牺牲生态环境为代价换取一时一地的经济增长。同时，随着我国低碳发展管理体系的不断完善，低碳工作将迈上新台阶。2016年1月，国家发改委印发了《关于切实做好全国碳排放权交易市场启动重点工作的通知》，碳交易市场建设在试点基础上全面推进；《国务院关于印发"十三五"控制温室气体排放工作方案的通知》中提出，"十三五"期间我国单位工业增加值二氧化碳排放要下降22%，工业领域二氧化碳排放总量趋于稳定，同时积极控制工业过程温室气体排放，"十三五"期间累计减排二氧化碳当量11亿吨以上。工业是我国碳排放的主要领域，上述措施的推进将为工业低碳发展同时提供压力和动力。

六、节能环保产业发展五年规划预计出台，产业继续平稳较快发展

2017年，随着"十三五"节能环保产业发展有关规划的出台与落实，产

业将继续平稳较快发展。首先，节能环保产业将延续近年来的快速发展的态势。节能环保产业是我国重点培育和发展的战略性新兴产业，"十二五"以来，我国节能环保产业发展迅速，一直保持15%以上的年均增速，年产值已经达到约4.5万亿元。进入"十三五"，节能环保产业发展的外部环境依然有利，具备继续保持高速增长的条件。其次，关于产业发展的"十三五"规划等政策文件陆续出台。最为重要的是国家发改委、科技部、工业和信息化部联合发布的《"十三五"节能环保产业发展规划》，该规划明确了"十三五"期间我国节能环保产业发展的目标、重点领域和主要措施。最后，"互联网＋"为节能环保产业发展提供新动力。《国务院关于积极推进"互联网＋"行动的指导意见》中提出，推动互联网与生态文明建设深度融合，加强资源环境动态监测，大力发展智慧环保，完善废旧资源回收利用体系，建立废弃物在线交易系统。

第二节　需要关注的几个问题

一、工业绿色发展方式尚未形成

首先，传统制造业粗放发展模式导致工业能源资源消耗高。目前，我国工业增加值占 GDP 的比重约为40%左右，但工业能源消费量占全国能源消费总量的比重仍然高达70%左右。其次，高耗能高污染行业规模依然庞大导致污染排放总量居高不下。目前，工业领域二氧化硫、氮氧化物和烟粉尘等主要污染物的排放量占比仍然高达90%、70%和85%左右，工业领域的污染物排放主要来源于散烧煤和不清洁用煤，散烧煤和不清洁用煤是造成大气污染的主要因素之一。最后，基础制造工艺绿色化水平尚待提升。产品（零件）制造精度低，材料及能源消耗大。以铸造为例，目前我国铸件尺寸精度低于国际标准1—2个等级，废品率高出5%—10%，加工余量高1—3个等级，吨铸铁件能耗为0.55—0.7吨标准煤，约为国际先进水平的1.5倍。

二、企业、行业和区域节能减排发展水平不均衡

首先,大企业和中小企业绿色发展水平不均衡。"十二五"以来的工业节能减排措施以大企业为重点,通过节能减排技术改造显著提升了大企业绿色发展水平,但中小企业工艺装备普遍落后,能耗、水耗、土地和矿产资源消耗相对较高,污染物排放量小面广。其次,不同行业绿色发展水平差异较大。"十二五"以来,国家重点抓高耗能、高污染行业节能减排,对新兴产业节能减排重视不足。例如电子工业炉窑能耗占电子信息制造业比重较高,但相对落后和能耗较高的窑炉设备仍在广泛使用。最后,区域间绿色发展水平差异较大,绿色发展理念认识存在差异。根据每年发布的《中国绿色发展指数报告》,北京、青海、海南、上海、浙江、内蒙古、福建、天津、江苏等地区绿色发展水平较高,而宁夏、甘肃和河南等地区绿色发展水平较低。

三、科技创新对节能减排支撑不足

主要体现在以下几个方面:一是传统工业节能减排绿色新工艺创新难度大,企业创新主体地位尚未形成。以企业为主体的绿色科技创新平台建设,受到企业规模、运作机制等因素的影响,存在人才队伍不稳定、基础共性技术研发不足等问题。二是新兴产业工业科技研发投入不足,原始创新能力比较薄弱。在能源高效低碳化利用、生产过程清洁化、资源循环利用等方面缺乏原创性技术。三是节能减排新技术推广应用尚需加强。绿色科技创新成果转化受到市场信息不对称、技术风险等方面的制约,科技成果转化率较低。四是工业绿色发展标准体系亟须完善。缺少适合于不同行业和地区的绿色发展标准,尚待完善强制性标准、优化推荐性标准、培育产业联盟标准,现有标准的国际化水平不高。

四、高耗能行业产能过剩继续制约节能减排动力

自我国工业经济增长逐步进入新常态,部分高耗能行业产能过剩问题更加突出,企业效益下滑导致节能减排内生动力不足已成为长期问题。2016年,尽管全国规模以上工业企业各月利润都保持增长,但高耗能行业企业节能减

排内生动力仍然不足。分行业看，建材产品价格温和上升，但价格水平仍然较低，行业亏损面较大；钢铁、有色金属行业受产品价格回升及上年同期基数偏低影响，第二季度以来行业利润实现了增长，但由于钢铁和有色行业供给过剩和下游需求不足导致的供需矛盾尚未根本性缓解，产品价格进一步回升压力较大，企业融资难、成本高问题仍然突出，企业仍然无力承担节能环保技术改造带来的成本上升。

第三节　应采取的对策措施建议

一、加快构建资源消耗低、环境污染小的绿色制造体系

一是加快推动《工业绿色发展规划（2016—2020年）》的全面落实。要推动各级工业和信息化主管部门充分认识工业绿色发展的重大意义，加强组织领导，结合实际情况提出本地区加快推进工业绿色发展的目标任务和工作方案。建立责任明确、协调有序、监管有力的工业绿色发展工作体系，进一步强化目标责任评价考核，加强监督检查，保障规划目标和任务的完成。二是围绕《绿色制造工程实施指南（2016—2020年）》和《关于开展绿色制造体系建设的通知》具体要求，统筹推进绿色制造体系建设，在重点行业出台20项绿色设计产品评价标准、2—4项绿色工厂标准，加快建立绿色园区、绿色供应链标准，遴选一批第三方评价机构，促进绿色园区、绿色工厂和绿色供应链建设。三是落实国家发改委等10部委《关于促进绿色消费的指导意见》，通过促进绿色消费，营造有利于工业绿色发展的外部环境。

二、加快出台差异化的节能减排政策

一是强化对中小企业节能减排的政策支持力度。按照《促进中小企业发展规划（2016—2020年）》有关要求，运用法律、经济、技术等手段，促进高污染、高耗能和资源浪费严重的中小企业落后产能退出；按照绿色、低碳和循环经济发展要求，推动绿色、低碳中小企业园区建设；鼓励和支持传统

行业中小企业采用先进适用技术实施清洁生产，降低能耗和污染排放，提高资源综合利用率。二是研究制定分行业节能减排政策。充分考虑不同行业的发展情况，在节能减排技术设备推广改造、能源消耗和主要污染物排放总量控制等方面，研究制定差异化政策。三是研究制定分区域节能减排政策。充分考虑东部、中部与西部的地区差异，在淘汰落后产能、新上项目能评环评以及节能减排技改资金安排等方面，研究制定区域工业节能减排差异化政策。

三、强化绿色科技创新及其成果转化

一是要加快传统产业绿色化改造关键技术研发。围绕钢铁、有色、化工、建材、造纸等行业，以新一代清洁高效可循环生产工艺装备为重点，结合国家科技重大工程、重大科技专项等，突破一批工业绿色转型核心关键技术，研制一批重大装备，支持传统产业技术改造升级。二是支持绿色制造产业核心技术研发。面向节能环保、新能源装备、新能源汽车等绿色制造产业的技术需求，加强核心关键技术研发，构建支持绿色制造产业发展的技术体系。三是鼓励支撑工业绿色发展的共性技术研发。按照产品全生命周期理念，以提高工业绿色发展技术水平为目标，加大绿色设计技术、环保材料、绿色工艺与装备、废旧产品回收资源化与再制造等领域共性技术研发力度。四是鼓励创新成果转化，增加绿色科技成果的有效供给，发挥科技创新在工业绿色发展中的引领作用。

四、推进高耗能行业化解过剩产能实现脱困发展

一是继续落实《国务院关于化解产能严重过剩矛盾的指导意见》，以钢铁、水泥、电解铝、平板玻璃等行业为化解产能严重过剩矛盾的主要对象，严格项目管理，依法依规全面清理违规在建和建成项目。二是加快落实《国务院关于钢铁行业化解过剩产能实现脱困发展的意见》和《国务院关于煤炭行业化解过剩产能实现脱困发展的意见》，加快推动重点高耗能行业化解过剩产能并实现脱困发展。三是严格环境执法监管，依法严厉打击环境违法行为，迫使高耗能高污染企业加大环保设施投入，倒逼能耗水平高、污染排放量大、产品附加值低的生产企业加速淘汰。四是研究制定以能耗、排放、安全等系统性标准为依据的淘汰落后产能新机制，严控高耗能、高污染行业新增产能。

附录：2016 年工业节能减排大事记

2016 年 1 月

2016 年 1 月 6 日

国家发改委、质检总局联合发布《高效节能锅炉推广目录（第一批）》

为促进工业锅炉能源利用效率提升，引导用能单位选用高效节能锅炉，国家发改委、质检总局联合发布了《高效节能锅炉推广目录（第一批）》（以下简称《目录》）。《目录》包含 14 家企业的 19 个锅炉型号，其中流化床锅炉型号 16 个，层燃锅炉型号 3 个。

2016 年 1 月 6 日

国家发改委发布《国家重点节能低碳技术推广目录（2015 年本，节能部分）》

为贯彻落实《中华人民共和国节约能源法》《国务院关于印发"十二五"节能减排综合性工作方案的通知》（国发〔2011〕26 号）和《国务院关于加快发展节能环保产业的意见》（国发〔2013〕30 号），加快节能技术进步和推广，引导用能单位采用先进适用的节能新技术、新装备、新工艺，促进能源资源节约集约利用，缓解资源环境压力，国家发改委编制并发布了《国家重点节能低碳技术推广目录（2015 年本，节能部分）》，涉及煤炭、电力、钢铁、有色、石油石化、化工、建材、机械、轻工、纺织、建筑、交通、通信等 13 个行业，共 266 项重点节能技术。

2016 年 1 月 7 日

工业和信息化部公布国家资源再生利用重大示范工程

为促进工业转型升级，推动制造业绿色发展，培育新的经济增长点，探索再生资源产业发展新机制、新模式，提高再生资源行业整体水平，由企业自主申报、地方工业和信息化主管部门推荐，并经专家评审和公示，工业和信息化部确定了包含废钢铁、废有色金属、废弃电器电子产品、废旧轮胎、废塑料、建筑废弃物、报废汽车、废纺织品、废矿物油等领域的 85 项国家资源再生利用重大示范工程。

2016 年 1 月 11 日

三部委联合发布电池等 4 个行业清洁生产评价指标体系

为贯彻落实《清洁生产促进法（2012 年修正案）》，进一步形成统一、系统、规范的清洁生产技术支撑文件体系，指导和推动企业依法实施清洁生产，国家发改委、环境保护部、工业和信息化部联合修编发布了《电池行业清洁生产评价指标体系》，制定发布了《镍钴行业清洁生产评价指标体系》《锑行业清洁生产评价指标体系》《再生铅行业清洁生产评价指标体系》。

2016 年 1 月 15 日

国家发改委发布《节能监察办法》

为规范节能监察行为，提升节能监察效能，促进全社会能源利用效率提升，国家发改委发布《节能监察办法》（以下简称《办法》）。《办法》对节能监察工作的具体实施内容作了规定：一是建立落实节能目标责任制、节能计划、节能管理和技术措施等情况；二是落实固定资产投资项目节能评估和审查制度的情况，包括节能评估和审查实施情况、节能审查意见落实情况等；三是执行用能设备和生产工艺淘汰制度的情况；四是执行强制性节能标准的情况；五是执行能源统计、能源利用状况分析和报告制度的情况；六是执行设立能源管理岗位、聘任能源管理负责人等有关制度的情况；七是执行用能产品能源效率标识制度的情况；八是公共机构采购和使用节能产品、设备以及开展能源审计的情况；九是从事节能咨询、设计、评估、检测、审计、认证等服务的机构贯彻节能要求、提供信息真实性等情况；十是节能法律、法规、规章规定的其他应当实施节能监察的事项。《办法》还规定被监察单位拒绝依法实施的节能监察的，由有处罚权的节能监察机构或委托开展节能监察的单位给予警告，责令限期改正；拒不改正的，处 1 万元以上 3 万元以下罚款。阻碍依法实施节能监察的，移交公安机关按照《治安管理处罚法》相关规定处理，构成犯罪的，依法追究刑事责任。《办法》自 2016 年 3 月 1 日起施行。

2016 年 1 月 21 日
三部委联合发布《关于在燃煤电厂推行环境污染第三方治理的指导意见》

为了在燃煤电厂加快推行和规范环境污染第三方治理工作，国家发改委、环境保护部、国家能源局联合发布了《关于在燃煤电厂推行环境污染第三方治理的指导意见》（以下简称《指导意见》）。提出到 2020 年，燃煤电厂环境污染第三方治理服务范围进一步扩大，由现有的二氧化硫、氮氧化物治理领域全面扩大至废气、废水、固废等环境污染治理领域；社会资本更加活跃，资本规模进一步扩大；第三方治理相关法规政策进一步完善；环境服务公司技术水平能力不断提高，形成一批能力强、综合信用好的龙头环保企业。燃煤电厂第三方治理主要分为两种模式。一是特许经营模式。燃煤电厂按约定价格（不限于环保电价热价），以合同形式特许给环境服务公司，由专业化的环境服务公司承担污染治理设施的投资、建设（或购买已建成在役的污染治理设施资产）、运行、维护及日常管理，并完成合同规定的污染治理任务。二是委托运营模式。燃煤电厂按约定的价格，以合同形式委托专业化的环境服务公司承担污染治理设施的运行、维护及日常管理，并完成合同规定的污染治理任务。

2016 年 1 月 21 日
国家发改委、工业和信息化部联合发布《水泥企业用电实行阶梯电价政策有关问题的通知》

为贯彻落实《国务院关于化解产能严重过剩矛盾的指导意见》（国发〔2013〕41 号），发挥价格政策在化解水泥产能过剩方面的作用，国家发改委、工业和信息化部联合发布《水泥企业用电实行阶梯电价政策有关问题的通知》，自 2016 年 1 月起，对水泥生产企业生产用电实行基于可比熟料（水泥）综合电耗水平标准的阶梯电价政策。通知明确，对 GB16780—2012《水泥单位产品能源消耗限额》实施前后投产的水泥企业，区分企业投产时间和耗能环节实行不同阶梯电价加价标准。水泥企业用电阶梯电价按年度执行。各地可在国家规定基础上进一步提高加价标准。

2016 年 1 月 21 日

国家发改委制定发布《"互联网＋"绿色生态三年行动实施方案》

为贯彻落实国务院《关于积极推进"互联网＋"行动的指导意见》（国发〔2015〕40 号），国家发改委制定发布了《"互联网＋"绿色生态三年行动实施方案》（以下简称《实施方案》）。《实施方案》要求，推动互联网与生态文明建设深度融合，完善污染物监测及信息发布系统，形成覆盖主要生态要素的资源环境承载能力动态监测网络，实现生态环境数据的互联互通和开放共享。充分发挥互联网在逆向物流回收体系中的平台作用，提高再生资源交易利用的便捷化、互动化、透明化，促进生产生活方式绿色化。《实施方案》主要包括加强资源环境动态监测、大力发展智慧环保、完善废旧资源回收利用和在线交易体系三大任务。

2016 年 1 月 21 日

五部委联合发布《电动汽车动力蓄电池回收利用技术政策（2015 年版）》

为了加快新能源汽车推广应用，国家发改委、工业和信息化部、环境保护部、商务部、质检总局联合发布《电动汽车动力蓄电池回收利用技术政策（2015 年版）》。明确中国将建电动汽车动力电池编码制度，企业为电动汽车动力电池回收责任主体，但是未做惩罚性规定。

2016 年 2 月

2016 年 2 月 2 日

工业和信息化部公布通过验收的机电产品再制造试点单位名单（第一批）

根据《工业和信息化部办公厅关于进一步做好机电产品再制造试点示范工作的通知》（工信厅节函〔2014〕825 号，）要求，工信部组织开展了机电产品再制造试点验收工作，经机试点单位自评估、省级工业和信息化主管部门（或中央企业）验收评审、工信部组织专家论证复核及公示后，确定了通过验收的机电产品再制造试点单位名单（第一批），包含徐工集团工程机械有限公司等 20 家单位，其中沈阳大陆激光技术有限公司等 9 家单位确定为机电产品再制造示范单位。

2016 年 2 月 5 日

工业和信息化部公布《新能源汽车废旧动力蓄电池综合利用行业规范条件》和《新能源汽车废旧动力蓄电池综合利用行业规范公告管理暂行办法》

为加强新能源汽车废旧动力蓄电池综合利用行业管理，规范行业和市场秩序，促进新能源汽车废旧动力蓄电池综合利用产业规模化、规范化、专业化发展，提高新能源汽车废旧动力蓄电池综合利用水平，工业和信息化部制定了《新能源汽车废旧动力蓄电池综合利用行业规范条件》和《新能源汽车废旧动力蓄电池综合利用行业规范公告管理暂行办法》，自 2016 年 3 月 1 日起施行，由工业和信息化部负责解释，并根据行业发展情况和宏观调控要求适时进行修订。

2016 年 2 月 10 日

四部委公布电器电子产品生产者责任延伸首批试点名单

为贯彻落实党的十八届五中全会精神，探索建立生产者责任延伸制度，引导生产企业履行相关责任，工业和信息化部、财政部、商务部、科技部联合公布电器电子产品生产者责任延伸首批试点名单，共包含试点企业 17 家，其中电器电子产品生产企业 15 家，第三方机构 2 家。

2016 年 2 月 22 日

工业和信息化部公布《机电产品再制造试点单位名单（第二批）》

根据《工业和信息化部办公厅关于进一步做好机电产品再制造试点示范工作的通知》（工信厅节函〔2014〕825 号）要求，工信部组织有关单位和专家对试点申报材料进行了评审论证后，公布了《机电产品再制造试点单位名单（第二批）》，确定山东临工工程机械有限公司等 53 个企业和 3 个产业集聚区为第二批试点单位，试点期为 2016 年至 2018 年。

2016 年 3 月

2016 年 3 月 21 日

工业和信息化部关于公布工业产品生态（绿色）设计试点企业（第二批）

根据《工业和信息化部关于组织开展第二批工业产品生态（绿色）设计示范企业创建工作的通知》（工信部节函〔2015〕428 号）要求，经省级工业和信息化主管部门、中央企业、相关协会推荐，工信部组织有关专家对企业申报的实施方案进行了评审、公示，确定了 58 家企业为工业产品生态（绿色）设计试点企业（第二批），涉及轻工、纺织、机械装备、汽车及配件、电子电器、建材等六个领域。

2016 年 3 月 25 日

工业和信息化部发布《高耗能落后机电设备（产品）淘汰目录（第四批）》

根据《中华人民共和国节约能源法》及工业和信息化部等部门《关于印发〈配电变压器能效提升计划（2015—2017 年）〉的通知》（工信部联节〔2015〕269 号）、《关于组织实施电机能效提升计划（2013—2015 年）的通知》（工信部联节〔2013〕226 号）要求，为加快淘汰高耗能落后机电设备（产品），结合工业节能减排工作实际，工信部组织制定了《高耗能落后机电设备（产品）淘汰目录（第四批）》。目录涉及 3 大类 127 项设备（产品），包括三相配电变压器 52 项、电动机 58 项、电弧焊机 17 项。

2016 年 4 月

2016 年 4 月 1 日

工业和信息化部发布《绿色制造 2016 专项行动实施方案》

为深入实施《中国制造 2025》，工业和信息化部发布《绿色制造 2016 专项行动实施方案》。预期实现以下目标：一是进一步提升部分行业清洁生产水平，预计全年削减化学需氧量 8 万吨、氨氮 0.7 万吨。筛选推广一批先进节水技术。二是建设若干资源综合利用重大示范工程和基地，初步形成京津冀及周边地区资源综合利用产业区域协同发展新机制。三是会同财政部启动绿色制造试点示范，发布若干行业绿色工厂创建实施方案或绿色工厂标准。《方案》提出以下重点工作：一是实施传统制造业绿色化改造。围绕制造业清洁生产水平提升，发布《水污染防治重点行业清洁生产技术推行方案》，实施重点流域部分行业水污染防治清洁化改造。会同财政部支持一批高风险污染物削减项目，从源头减少汞、铅、高毒农药等高风险污染物产生和排放。在钢铁、造纸等高耗水行业，筛选推广一批先进适用的节水技术。组织开展节能监察和跨区域专项督查，在重点行业实施一批高效节能低碳技术改造示范项目。二是开展京津冀及周边地区资源综合利用产业协同发展示范。在尾矿、煤矸石、粉煤灰、脱硫石膏等重点领域，开展资源综合利用重大工程示范，推广应用一批先进适用技术装备。会同财政部组织实施水泥窑协同处置城市生活垃圾示范工程建设。支持固体废物工程技术研究机构、固体废物资源综合利用与生态发展创新中心等技术创新平台建设。三是推进绿色制造体系试点。统筹推进绿色制造体系建设试点，发布绿色制造标准体系建设指南、绿色工厂评价导则和绿色供应链管理试点方案。会同财政部在京津冀、长江经济带、东北老工业基地等区域，选择部分城市开展绿色制造试点示范，创建一批特色鲜明的绿色示范工厂。

2016 年 4 月 25 日
六部委联合发布《水效领跑者引领行动实施方案》

国家发改委、水利部、工业和信息化部、住房和城乡建设部、国家质检总局、国家能源局等六部委联合发布了《水效领跑者引领行动实施方案》（以下简称《方案》）。《方案》提出要在工业、农业和生活用水领域全面展开水效领跑者引领行动，通过定期滚动遴选出用水效率处于领先水平的用水产品、企业和灌区，树立标杆，发挥示范效应，同时建立标准引导，建立促进水效持续提升的长效机制。《方案》明确实施范围包括用水产品、用水企业和灌区，涵盖农业、工业和生活等三类主要用水领域。基本遴选程序是企业（单位）自愿申报、地方推荐、专家评审和社会公示，对公示无异议的水效领跑产品、企业或灌区，由负责部门联合发布水效领跑者名单。用水产品和用水企业水效领跑者每两年发布一次，灌区水效领跑者每三年发布一次。

2016 年 5 月

2016 年 5 月 10 日

工业和信息化部、水利部、全国节约用水办公室联合发布《国家鼓励的工业节水工艺、技术和装备目录（第二批）》

为贯彻落实最严格水资源管理制度，推广先进适用节水工艺、技术和装备，推动提升工业用水效率，促进生态文明建设，经有关单位推荐、专家评审和网上公示，工业和信息化部、水利部、全国节约用水办公室联合发布《国家鼓励的工业节水工艺、技术和装备目录（第二批）》。共包括工业节水工艺技术 72 项，其中涉及石化、纺织、食品、造纸、钢铁等行业的专用工艺技术 65 项，共性通用工业技术 7 项。

2016 年 5 月 13 日

工业和信息化部公布《工业节能管理办法》

2016 年 4 月 20 日工业和信息化部第 21 次部务会议审议通过了《工业节能管理办法》（以下简称《办法》），自 2016 年 6 月 30 日起施行。《办法》鼓励工业企业加强节能技术创新和技术改造。鼓励工业企业创建"绿色工厂"，开发应用智能微电网、分布式光伏发电，发展和使用绿色清洁低碳能源。着重对重点用能工业企业的节能管理作出了具体要求。《办法》提出，重点用能工业企业主要包括两类：年综合能源消费总量 1 万吨标准煤以上的工业企业；省、自治区、直辖市工业和信息化主管部门确定的年综合能源消费总量 5000 吨标准煤以上不满 1 万吨标准煤的工业企业。重点用能工业企业应开展能效水平对标达标活动，争创能效"领跑者"。鼓励重点用能工业企业利用自动化、信息化技术，提高企业能源利用效率和管理水平。

2016 年 5 月 25 日

工业和信息化部组织开展国家重大工业节能专项监察

为贯彻落实国家有关节能法规、强制性标准及重大政策要求，强化重点行业、重点企业及重点耗能设备的节能监管，逐步完善工业节能监察体制机制，工业和信息化部组织开展了国家重大工业节能专项监察。监察任务共涉及 31 个省区市、4146 家企业，任务内容涉及钢铁企业能源消耗，合成氨等产品能耗限额标准贯标，电解铝、水泥行业阶梯电价执行，落后机电设备淘汰以及高耗能落后燃煤工业锅炉淘汰等。

2016 年 5 月 31 日

国务院发布《土壤污染防治行动计划》

国务院发布了《土壤污染防治行动计划》（以下简称《行动计划》）。《行动计划》提出，到 2020 年，全国土壤污染加重趋势得到初步遏制，土壤环境质量总体保持稳定，农用地和建设用地土壤环境安全得到基本保障，土壤环境风险得到基本管控。到 2030 年，全国土壤环境质量稳中向好，农用地和建设用地土壤环境安全得到有效保障，土壤环境风险得到全面管控。到 21 世纪中叶，土壤环境质量全面改善，生态系统实现良性循环。《行动计划》确定了十个方面的措施：一是开展土壤污染调查，掌握土壤环境质量状况。二是推进土壤污染防治立法，建立健全法规标准体系。三是实施农用地分类管理，保障农业生产环境安全。四是实施建设用地准入管理，防范人居环境风险。五是强化未污染土壤保护，严控新增土壤污染。六是加强污染源监管，做好土壤污染预防工作。七是开展污染治理与修复，改善区域土壤环境质量。八是加大科技研发力度，推动环境保护产业发展。九是发挥政府主导作用，构建土壤环境治理体系。十是加强目标考核，严格责任追究。

2016 年 7 月

2016 年 7 月 13 日

工业和信息化部、财政部联合发布《重点行业挥发性有机物削减行动计划》

为贯彻落实《中国制造 2025》（国发〔2015〕28 号）和《大气污染防治行动计划》（国发〔2013〕37 号），加快推进落实绿色制造工程实施指南，推进促进重点行业挥发性有机物削减，提升工业绿色发展水平，改善大气环境质量，提升制造业绿色化水平，工业和信息化部、财政部联合发布《重点行业挥发性有机物削减行动计划》。提出在农药行业、涂料行业、胶粘剂行业，将实施原料替代工程。在石油炼制与石油化工行业、橡胶行业、包装印刷行业、制鞋行业、合成革行业、家具行业、汽车行业，将实施工艺技术改造工程。并在企业中实施回收及综合治理工程。《重点行业挥发性有机物削减行动计划》的主要目标为：到2018年，工业行业VOCs排放量比2015年削减30万吨以上，减少苯、甲苯、二甲苯、二甲基甲酰胺（DMF）等溶剂、助剂使用量20%以上，低（无）VOCs的绿色农药制剂、涂料、油墨、胶粘剂和轮胎产品比例分别达到70%、60%、70%、85%和40%以上。

2016年7月18日
工业和信息化部发布《工业绿色发展规划（2016—2020年）》

为贯彻落实《中华人民共和国国民经济和社会发展第十三个五年规划纲要》和《中国制造2025》，加快推进生态文明建设，促进工业绿色发展，工信部制定发布了《工业绿色发展规划（2016—2020年）》（以下简称《规划》），提出大力推进能效提升、大幅减少污染排放、加强资源综合利用、削减温室气体排放、提升科技支撑能力、加快构建绿色制造体系、推进工业绿色协调发展、实施绿色制造＋互联网、提高绿色发展基础能力、促进工业绿色开放发展等十大主要任务。根据《规划》，到2020年，绿色发展理念将成为工业全领域全过程的普遍要求，工业绿色发展推进机制基本形成，绿色制造产业成为经济增长新引擎和国际竞争新优势，工业绿色发展整体水平显著提升。在具体目标方面，到2020年，能源利用效率显著提升。工业能源消耗增速减缓，六大高耗能行业占工业增加值比重继续下降，部分重化工业能源消耗出现拐点，主要行业单位产品能耗达到或接近世界先进水平，部分工业行业碳排放量接近峰值，绿色低碳能源占工业能源消费量的比重明显提高；资源利用水平明显提高。单位工业增加值用水量进一步下降，大宗工业固体废物综合利用率进一步提高，主要再生资源回收利用率稳步上升；清洁生产水平大幅提升。先进适用清洁生产技术工艺及装备基本普及，钢铁、水泥、造纸等重点行业清洁生产水平显著提高，工业二氧化硫、氮氧化物、化学需氧量和氨氮排放量明显下降，高风险污染物排放大幅削减；绿色制造产业快速发展。

2016 年 7 月 20 日

工业和信息化部发布《高效节能环保工业锅炉产业化实施方案》

为大力发展节能环保产业，引导工业锅炉生产企业创新节能技术，实现工业锅炉绿色制造和绿色消费，降低能源消耗，减少大气污染物排放，根据《中国制造 2025》（国发〔2015〕28 号）、《大气污染防治行动计划》（国发〔2013〕30 号）精神，工信部发布了《高效节能环保工业锅炉产业化实施方案》。提出到 2020 年底，攻克一批高效节能环保工业锅炉关键共性技术，培育一批高效节能环保工业锅炉制造基地，高效节能环保工业锅炉市场占有率达 60% 以上。

2016 年 8 月

2016 年 8 月 2 日

三部委联合发布《2016 年度能效"领跑者"企业名单》

工业和信息化部、发改委、质检总局组织开展了 2016 年度乙烯、合成氨、水泥、平板玻璃、电解铝行业能效"领跑者"遴选工作，联合发布了《2016 年度能效"领跑者"企业名单》，包括达到行业能效领先水平的"领跑者"企业 16 家，以及达到能耗限额国家标准先进值要求的入围企业 20 家。

2016 年 8 月 4 日

三部委联合发布《关于推行合同节水管理促进节水服务产业发展的意见》

国家发改委、水利部、国家税务总局联合发布了《关于推行合同节水管理促进节水服务产业发展的意见》，提出到 2020 年，合同节水管理成为公共机构、企业等用水户实施节水改造的重要方式之一，培育一批具有专业技术、融资能力强的节水服务企业，一大批先进适用的节水技术、工艺、装备和产品得到推广应用，形成科学有效的合同节水管理政策制度体系，节水服务市场竞争有序，发展环境进一步优化，用水效率和效益逐步提高，节水服务产业快速健康发展。

2016 年 9 月

2016 年 9 月 7 日

工业和信息化部、环境保护部联合发布《水污染防治重点工业行业清洁生产技术推行方案》

工业和信息化部、环境保护部联合印发了《水污染防治重点工业行业清洁生产技术推行方案》（以下简称《方案》）。在造纸、食品加工、制革、纺织、有色金属、氮肥、农药、焦化、电镀、化学原料药和染料颜料制造等 11 个行业推行水污染防治清洁生产技术。《方案》对每项技术到 2020 年在行业中的普及率和可能实现的环境效益进行了预测，通过企业采用《方案》中的清洁生产技术实施改造，预计到 2020 年，可减少废水排放量 6 亿吨，减少化学需氧量（COD）产生量 250 万吨，减少氨氮产生量 15 万吨，减少含铬污泥（含水量 80%—90%）约 3 万吨。

2016 年 9 月 20 日

工业和信息化部开展绿色制造体系建设

为贯彻落实《中国制造 2025》《绿色制造工程实施指南（2016—2020年）》，加快推进绿色制造，工信部全面统筹推进绿色制造体系建设，到 2020 年，绿色制造体系初步建立，绿色制造相关标准体系和评价体系基本建成，在重点行业出台 100 项绿色设计产品评价标准、10—20 项绿色工厂标准，建立绿色园区、绿色供应链标准，发布绿色制造第三方评价实施规则、程序，制定第三方评价机构管理办法，遴选一批第三方评价机构，建设百家绿色园区和千家绿色工厂，开发万种绿色产品，创建绿色供应链，绿色制造市场化推进机制基本完成，逐步建立集信息交流传递、示范案例宣传等于一体的线上绿色制造公共服务平台，培育一批具有特色的专业化绿色制造服务机构。

2016 年 9 月 21 日

国家发改委发布《用能权有偿使用和交易制度试点方案》

为落实党的十八届五中全会和"十三五"规划纲要关于建立健全用能权初始分配制度，创新有偿使用，培育和发展交易市场的要求，发挥市场配置能源资源的决定性作用，以较低成本实现"十三五"能耗总量和强度"双控"目标任务，国家发改委发布了《用能权有偿使用和交易制度试点方案》（以下简称《试点方案》），在浙江省、福建省、河南省、四川省开展用能权有偿使用和交易制度试点。《试点方案》提出，在部分地区开展试点，通过探索创新，推动用能权有偿使用和交易改革任务取得积极进展，形成若干可操作、有效的制度成果。在试点地区建立较为完善的制度体系、监管体系、技术体系、配套政策和交易系统，推动能源要素更高效配置。试点内容主要包括以下七个方面：一是科学合理确定用能权指标；二是推进用能权有偿使用；三是建立能源消费报告；四是审核和核查制度；五是明确交易要素；六是完善交易系统；七是构建公平有序的市场环境，落实履约机制。

2016 年 9 月 29 日

工业和信息化部、国家标准化管理委员会联合发布《绿色制造标准体系建设指南》

为贯彻落实《中国制造 2025》战略部署，全面推行绿色制造，加快实施绿色制造工程，进一步发挥标准的规范和引领作用，推进绿色制造标准化工作，工业和信息化部、国家标准化管理委员会共同制定发布了《绿色制造标准体系建设指南》（以下简称《指南》）。《指南》明确了绿色制造标准体系的总体要求、基本原则、构建模型、建设目标、重点领域、重点标准建议和保障措施等。将标准化理论与绿色制造目标相结合，提出了绿色制造标准体系框架，将绿色制造标准体系分为综合基础、绿色产品、绿色工厂、绿色企业、绿色园区、绿色供应链和绿色评价与服务七个子体系。根据《中国制造 2025》关于绿色制造体系建设的工作部署，绿色产品、绿色工厂、绿色企业、绿色园区、绿色供应链子体系是绿色制造标准化建设的重点对象，综合基础和绿色评价与服务子体系提供基础设施、技术、管理、评价、服务方面的支撑。《指南》的发布，有助于发挥标准在绿色制造体系建设中的引领作用，推动建立高效、清洁、低碳、循环的绿色制造体系，促进我国制造业绿色转型升级。

2016 年 9 月 29 日

工业和信息化部公布《工业资源综合利用示范基地名单（第一批）》

为推进工业资源综合利用产业规模化、高值化、集约化发展，加快提升资源综合利用水平，促进工业绿色转型发展，工信部组织开展了工业固体废物综合利用基地建设试点工作，公布了《工业资源综合利用示范基地名单（第一批）》。包括河北省承德市、山西省朔州市、内蒙古自治区鄂尔多斯市、辽宁省本溪市、江西省丰城市、山东省招远市、河南省平顶山市、广西壮族自治区河池市、四川省攀枝花市、贵州省贵阳市、云南省个旧市、甘肃省金昌市等 12 个城市。

2016 年 9 月 30 日

工业和信息化部、发改委联合发布《水泥企业电耗核算办法》

为落实《关于水泥用电实施阶梯电价政策有关问题的通知》（发改价格〔2016〕75 号）要求，推动水泥企业节能降耗、降本增效，实现绿色发展，工业和信息化部、发改委联合发布了《水泥企业电耗核算办法》（以下简称《办法》）。《办法》根据《水泥单位产品能源消耗限额》（GB16780）、《水泥生产电能能效测试及计算方法》（GB/T27977）、《通用硅酸盐水泥标准》（GB175）制定，明确了熟料综合电耗、可比熟料综合电耗、水泥综合电耗以及可比水泥综合电耗的统计范围和计算方法。根据《办法》规定，省级工业和信息化主管部门负责组织水泥企业电耗核查，可委托节能监察机构等作为核查机构。同时，工业和信息化部、国家发改委、国家能源局将组织开展必要的监督与抽查。

2016 年 10 月

2016 年 10 月 14 日

三部委联合发布电解锰等 5 项行业清洁生产评价指标体系

为贯彻落实《清洁生产促进法》（2012 年），进一步形成统一、系统、规范的清洁生产技术支撑文件体系，指导和推动企业依法实施清洁生产，国家发改委、环境保护部、工业和信息化部联合修编发布了《电解锰行业清洁生产评价指标体系》《涂装行业清洁生产评价指标体系》《合成革行业清洁生产评价指标体系》，制定发布了《光伏电池行业清洁生产评价指标体系》《黄金行业清洁生产评价指标体系》，于 2016 年 11 月 1 日起施行。

2016 年 10 月 31 日
九部委联合发布《全民节水行动计划》

为贯彻落实《中华人民共和国国民经济和社会发展第十三个五年规划纲要》关于实施全民节水行动计划的要求，推进各行业、各领域节水，在全社会形成节水理念和节水氛围，全面建设节水型社会，国家发改委、水利部、住房和城乡建设部、农业部、工业和信息化部、科技部、教育部、国家质检总局、国家机关事务管理局等联合发布了《全民节水行动计划》（以下简称《计划》）。《计划》分为农业节水增产、工业节水增效、城镇节水降损、缺水地区率先节水、产业园区节水减污、节水产品推广普及、公共机构节水等十方面内容。《计划》指出，到 2020 年，全国水肥一体化技术推广面积达到 1.5 亿亩，完成大型灌区和重点中型灌区续建配套与节水改造规划任务，全国节水灌溉工程面积达到 7 亿亩左右；在生态脆弱地区、严重缺水地区、地下水超采地区，实行负面清单管理，严控新上或扩建高耗水、高污染项目；对受损失修、材质落后和使用年限超过 50 年的供水管网进行改造，到 2020 年，在 100 个城市开展分区计量、漏损节水改造，完成供水管网改造工程规模约 7 万公里，全国公共供水管网漏损率控制在 10% 以内；2018 年起大型新建公共建筑和政府投资的住宅建筑应安装建筑中水设施。《计划》提出，到 2020 年缺水城市再生水利用率达到 20% 以上，京津冀区域达到 30% 以上。沿海缺水城市和海岛，要将海水淡化作为水资源的重要补充和战略储备。在有条件的城市，加快推进海水淡化水作为生活用水补充水源，鼓励地方支持主要为市政供水的海水淡化项目，实施海岛海水淡化示范工程。推进海绵城市建设，降低硬覆盖率，提升地面蓄水、渗水和涵养水源能力。到 2020 年，全国城市建成区 20% 以上的面积达到海绵城市建设目标要求。

2016 年 11 月

2016 年 11 月 4 日

国务院发布《"十三五"控制温室气体排放工作方案》

为加快推进绿色低碳发展，确保完成"十三五"规划纲要确定的低碳发展目标任务，推动我国二氧化碳排放 2030 年左右达到峰值并争取尽早达峰，国务院制订并发布了《"十三五"控制温室气体排放工作方案》（以下简称《方案》）。《方案》提出到 2020 年，单位国内生产总值二氧化碳排放比 2015 年下降 18%，碳排放总量得到有效控制。氢氟碳化物、甲烷、氧化亚氮、全氟化碳、六氟化硫等非二氧化碳温室气体控排力度进一步加大。碳汇能力显著增强。支持优化开发区域碳排放率先达到峰值，力争部分重化工业 2020 年左右实现率先达峰，能源体系、产业体系和消费领域低碳转型取得积极成效。全国碳排放权交易市场启动运行，应对气候变化法律法规和标准体系初步建立，统计核算、评价考核和责任追究制度得到健全，低碳试点示范不断深化，减污减碳协同作用进一步加强，公众低碳意识明显提升。

2016 年 11 月 8 日

工业和信息化部发布《京津冀及周边地区工业资源综合利用产业协同发展示范工程项目名单》

为贯彻落实《京津冀协同发展规划纲要》（中发〔2015〕16 号）、《中国制造 2025》（国发〔2015〕28 号），推进京津冀及周边地区工业资源综合利用产业协同发展，提升工业绿色发展水平，经省级工业和信息化主管部门及中央企业推荐、专家评审、社会公示等程序，我部确定了一批京津冀及周边地区工业资源综合利用产业协同发展示范工程项目。项目内容涉及建筑垃圾资源化、废旧家电拆解再生资源回收利用、废旧轮胎综合利用等工业固废处理项目，共计 44 个。

2016 年 11 月 15 日

工业和信息化部发布《节能机电设备（产品）推荐目录（第七批）》

为贯彻落实《中国制造 2025》和《关于加快发展节能环保产业的意见》，

引导节能机电设备（产品）的生产和推广应用，工业和信息化部评选发布了《"能效之星"产品目录（2016）》（以下简称《目录》）。《目录》共涉及 12 大类 432 个型号产品，其中工业锅炉 12 个型号产品，变压器 42 个型号产品，电动机 54 个型号产品，电焊机 12 个型号产品，压缩机 51 个型号产品，制冷设备 219 个型号产品，塑料机械 8 个型号产品，风机 10 个型号产品，热处理 3 个型号产品，泵 18 个型号产品，干燥设备 2 个型号产品，交流接触器 1 个型号产品。《目录》自发布之日起，有效期 3 年。

2016 年 11 月 21 日

工业和信息化部发布《"能效之星"产品目录（2016 年）》

为促进高效节能产品的推广应用，工业和信息化部评选发布了《"能效之星"产品目录（2016 年）》（以下简称《目录》）。《目录》共涉及 13 大类 86 个型号产品，其中电动洗衣机 2 个型号产品，热水器 18 个型号产品，液晶电视 12 个型号产品，房间空气调节器 1 个型号产品，家用电冰箱 13 个型号产品，变压器 14 个型号产品，电机 4 个型号产品，工业锅炉 5 个型号产品，电焊机 3 个型号产品，压缩机 6 个型号产品，塑料机械 2 个型号产品，风机 3 个型号产品，泵 3 个型号产品。列入《目录》的产品，可在产品明显位置或包装上使用"能效之星"标志。《目录》中消费类产品"能效之星"称号有效期为 2 年，工业装备"能效之星"称号有效期为 3 年。

2016 年 11 月 23 日

工业和信息化部发布《工业节能与绿色发展评价中心名单（第一批）》

为贯彻落实《中国制造 2025》，建立健全节能和绿色发展体制机制，增强绿色服务能力，工业和信息化部组织评选并发布了《工业节能与绿色发展评价中心名单（第一批）》。包括河北省电子信息产品监督检验院、辽宁省电子信息产品监督检验院、轻工业环境保护研究所、北京化工大学、工业和信息化部电子工业标准化研究院等 35 家企业机构，其中近 1/5 为检验认证机构。

2016 年 11 月 24 日

财政部、工业和信息化部组织开展绿色制造系统集成工作

为加快实施《中国制造 2025》，促进制造业绿色升级，培育制造业竞争新优势，财政部、工业和信息化部决定 2016—2018 年开展绿色制造系统集成工作，重点开展绿色设计平台建设、绿色关键工艺突破、绿色供应链系统构建三项任务。目标是：2016—2018 年，围绕"中国制造 2025"战略部署，重点解决机械、电子、食品、纺织、化工、家电等行业绿色设计能力不强、工艺流程绿色化覆盖度不高、上下游协作不充分等问题，支持企业组成联合体实施覆盖全部工艺流程和供需环节系统集成改造。通过几年持续推进，建设100 个左右绿色设计平台和 200 个左右典型示范联合体，打造 150 家左右绿色制造水平国内一流、国际先进的绿色工厂，建立 100 项左右绿色制造行业标准，形成绿色增长、参与国际竞争和实现发展动能接续转换的领军力量，带动制造业绿色升级。支持重点领域及方式将结合中央有关要求和部署适时作出调整。

2016 年 12 月

2016 年 12 月 9 日

工业和信息化部发布《绿色数据中心先进适用技术目录（第一批）》

为引导数据中心积极采用先进节能环保技术，推动绿色数据中心建设，工业和信息化部组织开展了绿色数据中心先进适用技术筛选工作，发布了《绿色数据中心先进适用技术目录（第一批）》。共涉及 5 类 17 项技术，其中制冷冷却 6 项、供配电 3 项、IT（信息技术）4 项、模块化 2 项、运维管理 2 项。

2016 年 12 月 13 日

工业和信息化部发布《再生铅行业规范条件》

为引导我国再生铅行业规范发展，促进行业结构调整和产业升级，提高资源利用效率，减少再生铅生产过程中对环境造成的污染，实现再生铅行业可持续健康发展，工业和信息化部制定发布了《再生铅行业规范条件》（以下简称《规范条件》）。《规范条件》与原《再生铅行业准入条件》相比，在生产规模、工艺、装备方面要求主要有三方面变化：一是按照预处理或预处理—熔炼等不同工艺分别提出了不同的规模要求。二是生产规模要求适当提高。三是增加了对预处理产物利用方式、配套环保设施和技术的要求。在能源消耗及资源综合利用方面：一是综合能耗标准有所提高，有原来的 130 千克标准煤/吨铅提高到 125 千克，二是再生铅生产的工艺和工序分别对能耗指标作出规定，针对性和操作性更强。在环境保护方面：兼顾了对回收、运输过程的环境保护；进一步明确了对废水、铅烟、铅尘、酸雾等废弃物的处理方式，特别是酸雾"应采取收集冷凝回流或物理捕捉加碱液吸收的逆流洗涤等技术进行收集或处理"。此外，《规范条件》还规定"再生铅企业应按规定办理《排污许可证》后，方可进行再生铅生产；在申报规范公告管理的两年内没有因环境违法行为受到处罚，没有发生环境污染事故"。

2016 年 12 月 14 日
工业和信息化部发布《环保装备制造行业（大气治理）规范条件》

为贯彻落实《中国制造 2025》，大力发展节能环保产业，促进大气治理装备制造业持续健康发展，工业和信息化部发布《环保装备制造行业（大气治理）规范条件》（以下简称《规范条件》）。《规范条件》从企业基本要求、技术创新能力、产品要求、管理体系和安全生产、环境保护和社会责任、人员培训、产品销售和售后服务、监督管理等八个方面，对大气治理装备制造企业提出了要求。从生产经营情况看，企业连续两年销售收入不低于 5000 万元，利润率不低于 6.5%；生产工艺、装备符合国家产业政策要求，不生产国家明令淘汰的产品，不使用国家明令淘汰的设备、材料和生产工艺。从技术创新能力看，企业应具有自主研发和创新能力，建有技术中心、工程研究中心等研发机构；应配备相应的专职研究开发人员，其占企业员工总数比例不少于 8%；企业连续两年用于研发投入的费用占企业销售收入总额比例不低于 3%；企业近三年获得大气治理领域的授权专利不少于 10 项（其中授权发明专利不少于 2 项）。从产品要求看，企业应具备产品制造所需的生产加工和检测设备，具备对产品性能、可靠性等准确检测的能力，具备检验外协加工和采购产品质量的条件和制度；生产的产品应符合相关国家标准、行业标准、团体标准或通过备案的企业标准，生产列入《国家鼓励发展的重大环保技术装备目录》的产品应符合相应的指标要求；企业研发生产应遵守知识产权保护等相关法律法规要求。从环境保护和社会责任看，企业生产过程产生的废水、废气、固体废弃物以及粉尘、噪声等处理要符合国家规定的标准；生产的产品在使用过程中对生态环境和使用者的健康均不造成危害、不产生二次污染。从产品销售和售后服务看，企业应建有完善的产品销售和售后服务体系，产品售后服务要严格执行国家有关规定。

2016 年 12 月 23 日
工业和信息化部发布《再制造产品目录（第六批）》

为贯彻落实《中国制造 2025》，加快推进绿色制造，推动再制造产业健康有序发展，加强再制造行业管理，确保再制造产品质量，引导再制造产品消费，工信部评选发布了《再制造产品目录（第六批）》。包括徐州工程机械集团有限公司、泰安大地强夯重工科技有限公司等 13 家企业 4 大类 47 种产品。

2016 年 12 月 26 日
四部委联合发布《"十三五"节能环保产业发展规划》

国家发改委、科技部、工业和信息化部、环境保护部联合发布了《"十三五"节能环保产业发展规划》。提出到 2020 年，节能环保产业快速发展、质量效益显著提升，高效节能环保产品市场占有率明显提高，一批关键核心技术取得突破，有利于节能环保产业发展的制度政策体系基本形成，节能环保产业成为国民经济的一大支柱产业。其中，产业规模持续扩大，节能环保产业增加值占国内生产总值比重为 3% 左右；技术水平进步明显，节能环保装备产品市场占有率显著提高，装备成套化与核心零部件国产化程度进一步提高；产业集中度提高，竞争能力增强，到 2020 年，培育一批具有国际竞争力的大型节能环保企业集团；全国统一、竞争充分、规范有序的市场体系基本建立，价格、财税、金融等引导支持政策日趋健全，群众购买绿色产品和服务意愿明显增强。规划还提出要提升节能技术装备、环保技术装备、资源循环利用技术装备等技术装备的供给水平；创新节能环保服务模式，开展节能节水服务、环境污染第三方治理、环境监测和咨询服务、资源循环利用服务；培育壮大市场主体；激发节能环保市场需求；规范优化市场环境等任务。

2016 年 12 月 30 日

三部委联合发布《国家鼓励的有毒有害原料（产品）替代品目录（2016 年版）》

为贯彻落实《中国制造 2025》和《工业绿色发展规划（2016—2020 年)》，引导企业持续开发、使用低毒低害和无毒无害原料，减少产品中有毒有害物质含量，从源头削减或避免污染物产生，工业和信息化部、科技部、环境保护部编制并发布了《国家鼓励的有毒有害原料（产品）替代品目录（2016 年版）》（以下简称《目录》)。《目录》共有替代品 74 项，其中研发类 8 项，应用类 15 项，推广类 51 项，与 2012 版《目录》相比，目录内容、结构、替代品适用范围均有所调整。

2016 年 12 月 30 日

两部委联合发布《全国海水利用"十三五"规划》

为贯彻落实《中华人民共和国国民经济和社会发展第十三个五年规划纲要》关于推动海水淡化规模化应用的要求，促进海水利用健康、快速发展，国家发改委、国家海洋局联合发布了《全国海水利用"十三五"规划》（以下简称《规划》)。《规划》提出，到"十三五"末，全国海水淡化总规模达到 220 万吨/日以上，沿海城市新增海水淡化规模 105 万吨/日以上，海岛地区新增海水淡化规模 14 万吨/日以上。海水直接利用规模达到 1400 亿吨/年以上，海水循环冷却规模达到 200 万吨/小时以上。新增苦咸水淡化规模达到 100 万吨/日以上。海水淡化装备自主创新率达到 80% 及以上，自主技术国内市场占有率达到 70% 以上，国际市场占有率提升 10%。《规划》设置了 4 大任务：一是扩大海水利用应用规模，积极推进政府主导投资建设沿海缺水城市海水淡化民生保障工程，保障沿海海岛和船舶用水安全，拓展海水利用技术在西部苦咸水地区开展应用；二是提升海水利用创新能力，开展自主技术装备、核心材料与应用示范，积极培育龙头企业和中小微企业，建设协同创新公共平台，使我国海水利用技术和装备尽快与世界接轨；三是健全综合协调管理机制，推进建立促进海水利用产业发展协调机制、财政投入与激励政策、工程产品监管以及标准体系；四是推动海水利用开放发展，构建海水利用国际合作机制。

后 记

　　《2016—2017 年中国工业节能减排发展蓝皮书》是在我国现阶段高度重视工业节能减排、大力推进绿色发展的背景下，由中国电子信息产业发展研究院赛迪智库工业节能与环保研究所编写完成。

　　本书由刘文强副院长担任主编，顾成奎所长担任副主编，崔志广副所长负责统稿。具体各章节的撰写人员为：综合篇由王煦、莫君媛、李鹏梅、王颖撰写，重点行业篇由李鹏梅、崔志广、张玉燕、杨俊峰撰写，区域篇由唐海龙、霍婧撰写，政策篇由郭士伊、谭力撰写，热点篇由洪洋、李博洋、崔志广撰写，展望篇由李博洋撰写，2016 年工业节能减排大事记由赵越收集整理。

　　此外，本书在编撰过程中，得到了工业和信息化部节能与综合利用司领导以及钢铁、建材、有色、石化、电力等重点用能行业协会和相关研究机构的专家大力支持和指导，在此一并表示感谢。希望本书的出版，为工业节能减排的政府主管部门制定政策时提供决策参考，为工业企业节能减排管理者提供帮助。本书虽经过研究人员和专家的严谨思考和不懈努力，但由于能力和水平所限，疏漏和不足之处在所难免，敬请广大读者和专家批评指正。

赛迪智库
面向政府 服务决策

思想， 还是思想
才使我们与众不同

《赛迪专报》 《两化融合研究》 《财经研究》

《赛迪译丛》 《互联网研究》 《装备工业研究》

《赛迪智库·软科学》 《网络空间研究》 《消费品工业研究》

《赛迪智库·国际观察》 《电子信息产业研究》 《工业节能与环保研究》

《赛迪智库·前瞻》 《软件与信息服务研究》 《安全产业研究》

《赛迪智库·视点》 《工业和信息化研究》 《产业政策研究》

《赛迪智库·动向》 《工业经济研究》 《中小企业研究》

《赛迪智库·案例》 《工业科技研究》 《无线电管理研究》

《赛迪智库·数据》 《世界工业研究》 《集成电路研究》

《智说新论》 《原材料工业研究》 《政策法规研究》

《书说新语》 《原材料工业研究》 《军民结合研究》

编 辑 部：赛迪工业和信息化研究院

通讯地址：北京市海淀区万寿路27号院8号楼12层

邮政编码：100846

联 系 人：刘 颖 董 凯

联系电话：010-68200552 13701304215

010-68207922 18701325686

传 真：0086-10-68209616

网 址：www.ccidwise.com

电子邮件：liuying@ccidthinktank.com

赛迪智库

面向政府 服务决策

研究，还是研究
才使我们见微知著

信息化研究中心	工业化研究中心	规划研究所
电子信息产业研究所	工业经济研究所	产业政策研究所
软件产业研究所	工业科技研究所	军民结合研究所
网络空间研究所	装备工业研究所	中小企业研究所
无线电管理研究所	消费品工业研究所	政策法规研究所
互联网研究所	原材料工业研究所	世界工业研究所
集成电路研究所	工业节能与环保研究所	安全产业研究所

编 辑 部：赛迪工业和信息化研究院
通讯地址：北京市海淀区万寿路27号院8号楼12层
邮政编码：100846
联 系 人：刘颖 董凯
联系电话：010-68200552 13701304215
　　　　　010-68207922 18701325686
传　　真：0086-10-68209616
网　　址：www.ccidwise.com
电子邮件：liuying@ccidthinktank.com